技工院校工学一体化新形态教材

药物制剂技术实务

陈迪 蒋义意 主编

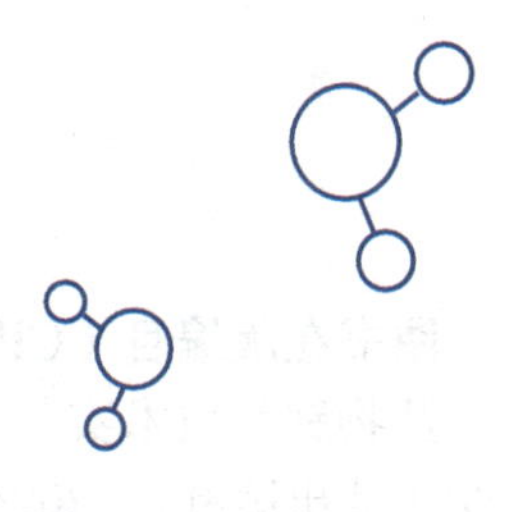

化学工业出版社
·北京·

内容简介

本书基于工学一体化的教学理念，将药物制剂生产及质量检测的工作任务与学习任务对接转化，按照制剂生产检验流程进行课程实施，将企业生产指令及批生产检验记录转化为工作页的形式，以生产任务为项目载体，附以相关知识信息和教学视频二维码资源。内容涵盖8个项目，21个任务，涉及药物制剂生产工作的各个环节。

本书由浙江省技工院校省级高水平专业群建设项目-杭州轻工技师学院医药健康专业群团队编写，适合技工院校、高职高专类院校药品生产、药学、药品经营与管理、药物制剂技术等专业师生阅读。

图书在版编目（CIP）数据

药物制剂技术实务 / 陈迪， 蒋义意主编. -- 北京 ：化学工业出版社， 2024.6. -- ISBN 978-7-122-46225-1

Ⅰ. TQ460.6

中国国家版本馆CIP数据核字第2024VJ9400号

责任编辑：张　蕾　　　　文字编辑：赵爱萍
责任校对：宋　玮　　　　装帧设计：史利平

出版发行：化学工业出版社
（北京市东城区青年湖南街13号　邮政编码100011）
印　　装：涿州市般润文化传播有限公司
710mm×1000mm　1/16　印张10½　字数198千字
2024年11月北京第1版第1次印刷

购书咨询：010-64518888　　　　售后服务：010-64518899
网　　址：http://www.cip.com.cn
凡购买本书，如有缺损质量问题，本社销售中心负责调换。

定　　价：49.80元

编写人员名单

主　编　陈　迪　蒋义意

副主编　吴雪俊　李明芳

编　者　陈　迪　杭州轻工技师学院

蒋义意　杭州轻工技师学院

吴雪俊　杭州轻工技师学院

李明芳　杭州轻工技师学院

宗晓萍　杭州轻工技师学院

高　杰　华东医药股份有限公司

向冲凡　华东医药股份有限公司

周瞒惠　杭州民生健康药业股份有限公司

傅璐璐　佑嘉（杭州）生物医药科技有限公司

主　审　吕杰英　杭州轻工技师学院

张晓军　杭州第一技师学院

吴玉凤　杭州轻工技师学院

前言

随着医学和生物技术的飞速发展，药物制剂技术作为连接基础研究与临床应用的关键桥梁，其重要性日益凸显。药物制剂技术不仅关乎药物的疗效与安全，还直接影响到患者的治疗体验和生活质量。因此，掌握现代药物制剂技术，对于培养具备高技能、高素质的药学专业人才，具有十分重要的意义。

本书作为技工院校、高职高专药学类专业的核心教材，旨在系统介绍药物制剂的基本理论、工艺技术、质量控制及临床应用等方面的知识。本书紧密结合医药行业发展的实际需求，注重理论与实践相结合，力求使学生通过学习，能够掌握药物制剂技术的核心技能和最新进展。

本书内容涵盖了药物剂型概论、药物制剂的基本理论、药物制剂的新技术与新剂型等多个方面。基于工学一体化的教学理念，本书将药物制剂生产及质量检测的工作任务与学习任务对接转化，按照制剂生产检验流程进行课程实施，将企业生产指令及批生产检验记录转化为工作页的形式，以生产任务为项目载体，附以相关知识信息和教学视频二维码资源。

本书在编写过程中，注重以下几个方面：一是突出实践性，根据药企药物制剂生产操作实际，确定知识和技能目标，精炼理论知识，突出技能培养；二是突出实用性，实施工学一体化教学模式，通过具体项目和工作任务，使学生能够在“做中学，学中做”；三是突出可操作性，每个任务、每项操作都有明确的评价标准，便于师生在操作中及时检测和反馈，掌握药物制剂生产的核心工序及操作要点。

我们深知，药物制剂技术涉及的知识领域广泛且深奥，因此，在编写本书时，力求做到内容全面、条理清晰、深入浅出。同时，也期待广大师生在使用过程中，能够提出宝贵的意见和建议，以便我们不断改进和完善。

最后，衷心希望本教材能够成为广大药学专业学生学习药物制剂技术的得力助手，为他们在未来的职业生涯中打下坚实的基础。同时，也期待通过本教材，能够为我国医药行业的发展和进步贡献一份力量。

编者

2024 年 4 月

目录

项目一　颗粒剂的制备与质量检测

任务一　维生素C颗粒的制备

一、核心概念

1. 颗粒剂

颗粒剂系指药物或药材提取物与适宜的辅料或药材细粉制成的具有一定粒度的干燥颗粒状制剂，供口服用。可直接吞服或冲入水中饮服，中药颗粒剂俗称冲剂。

2. 颗粒剂的特点

（1）利于吸收，奏效快，携带、贮存方便。

（2）可掩盖某些药物的不良臭味，通过包衣或加矫味剂等，起到掩味作用。

（3）可制成缓、控释制剂。

（4）包装不严密时，易潮解。

3. 颗粒剂的分类

颗粒剂可分为可溶颗粒、混悬颗粒、泡腾颗粒等。其他还有肠溶颗粒、缓控释颗粒等，近年来还研制了中药配方颗粒，大大减少了服用剂量。

二、学习目标

1. 能读懂工作任务单，并自主完成课前任务；

2. 能正确领料并规范填写领料单；

3. 能按照 SOP 生产颗粒剂产品，并完成批记录的填写；

4. 按时完成产品包装，并按照规程清场；

5. 能树立安全生产意识并遵从 7S 管理要求，小组内合理分工，高效协作。

三、基本知识

1. 颗粒剂的制备工艺流程

物料准备→制粒→质量检查→分剂量→包装

其中关键工艺是制粒，制粒的目的：①提高流动性，分剂量更准确；②减少处方中各组分因密度不同而造成的分层现象，从而使药物含量更均匀；③因加入了黏合剂而增加了物料的黏合性和可压性，如后续制成片剂，可使片剂容易成型；④减少了操作中的粉尘。

2. 制粒的方法及器械

制粒的方法有湿法和干法两种。湿法制粒在原材料粉末中加入黏合剂和润湿剂，使粉末聚结在一起而成颗粒，是药品生产中应用最多的制粒方法，根据所用器械不同，又可分为挤压制粒法、高速混合制粒法、一步制粒法、喷雾干燥制粒法等。干法制粒主要有滚压法和重压法。

（1）挤压制粒法　是比较传统的制粒方法，对厂房、设施的要求较低，设备简单，颗粒质量较好，但属于间断操作，生产效率较低。一般工艺流程为：

物料准备→混合→制湿粒→干燥→整粒→总混

其中物料的混合、制粒和干燥分别由槽型混合机（图 1-1）、摇摆式制粒机（图 1-2）和常压厢式干燥器（图 1-3）完成。

图1-1　槽型混合机

图1-2　摇摆式制粒机

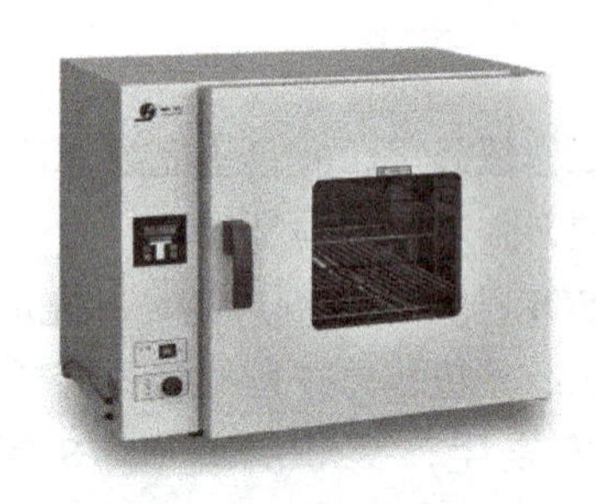

图1-3　常压厢式干燥器

（2）高速混合制粒法　是近年来生产上普遍应用的制粒方法，生产效率高，粉尘少、物料混合的均匀性也较好，但颗粒质量不如传统法稳定。一般工艺流程为：

物料准备→混合制粒→干燥→整粒→总混

其中混合、制粒可由高速混合制粒机（图1-4）同时完成，再配合沸腾干燥器（图1-5）干燥。

图1-4　高速混合制粒机

图1-5　沸腾干燥器

（3）流化制粒法　又称"一步制粒法"，使用流化制粒机，使物料的混合、制粒、干燥在同一设备内（图1-6，图1-7）一次完成。该法简化了工序和设备，制得的颗粒大小均匀、外观圆整、流动性好，是一种较为先进的制粒方法。其工艺流程为：

物料准备→混合、制粒、干燥→整粒→总混

图1-6　流化制粒机（1）

图1-7　流化制粒机（2）

图1-8 干法制粒机

（4）喷雾干燥制粒法　将待制粒的药物、辅料和黏合剂溶液混合，制成含固体量为50%～70%的混合浆状物，用泵输送至离心式雾化器的高压喷嘴，在喷雾干燥器的热空气流中雾化成大小适宜的液滴，由热空气将其迅速干燥成近球形颗粒并落入干燥器底部。

（5）干法制粒　将药物和粉状辅料混合均匀（图1-8），采用滚压法或重压法使之成为块状或大片状，然后将其粉碎成所需大小的颗粒。本法适用于对湿、热不稳定和有吸湿性的物料。其工艺流程为：

物料准备→粉碎和筛分→混合→压块→粉碎→整粒→混合→质量检查

（6）手工制粒　实验室少量制备可用湿法手工制粒，原辅料置于洁净托盘中，用手直接搅拌混合、手工挤压制粒、烘箱干燥、筛分整理，即得。

四、能力训练

工作任务单

组别＿＿＿＿＿ 姓名＿＿＿＿＿、＿＿＿＿＿

（一）问题情景

我院校企合作单位委托我院小批量生产一批维生素C颗粒剂，请按照生产指令单和SOP要求规范生产。

生产指令单

指令编号：QGYXX-2025-2-1　　产品名称：维生素C颗粒

产品代码：WSSCKL-01　　规格：10g/包

批号：20250223　　批量：20包

生产部签发人：张三　　签发日期：2025年2月21日

批准人：李四　　批准日期：2025年2月22日

固体制剂车间于2025年2月23日开始生产上述品种，于2025年2月23日结束。

（二）课前任务

1. 查找资料，学习维生素C颗粒的处方组成及功效。

维生素C的常见处方组成为：
维生素C颗粒的功效是：

2. 复习药物制剂技术课程相关知识，回顾颗粒剂的制备工艺流程。

颗粒剂的制备工艺流程为：

3. 请在以下颗粒剂车间布局图中标出生产流程走向，并写出洁净区级别。

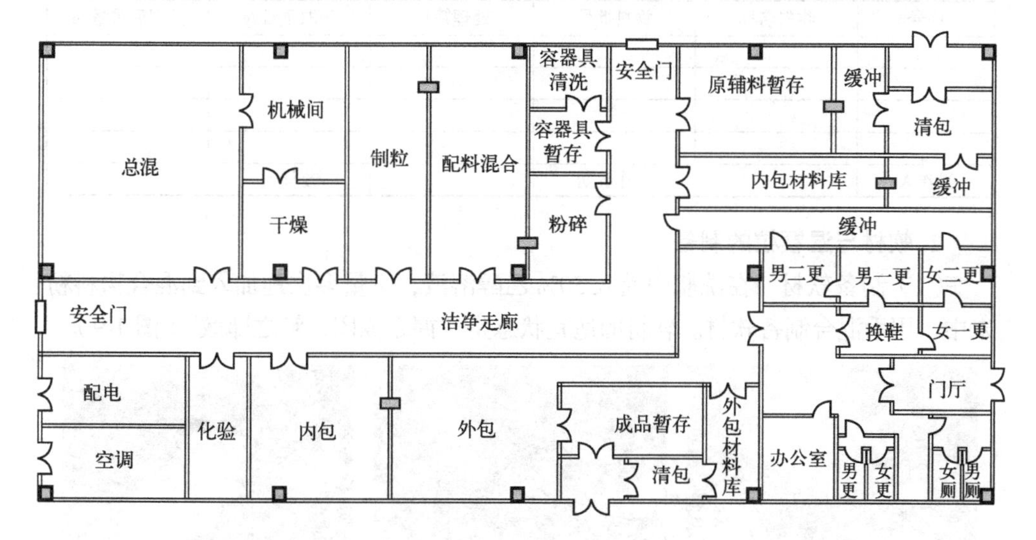

（三）原辅料投料量

名称	生产厂家	批号	单位	数量
维生素C	ABC药业有限公司	20230328	g	20
糊精	EF药用辅料有限公司	20230123	g	200
糖粉	EF药用辅料有限公司	20230220	g	180
酒石酸	EF药用辅料有限公司	20230111	g	2
50%乙醇溶液	EF药用辅料有限公司	20230212	mL	适量

（四）物料的领取及生产配料领料单填写

品名		规格		批号	
批生产数量		计划生产周期		指令编号	
物料名称	物料批号	供应商名称	计划领料量	实际领料量	
备注：					
领料人		领料日期		发料人	

（五）生产 SOP 及批记录填写

1. 物料的粉碎、筛分与混合

① 将领取物料分别使用 6 号筛（100 目）做过筛处理，过筛后称重记录。

② 将筛分后的物料置于托盘中，混合均匀。

序号	物料名称	物料批号	处理筛目	领取重量 /g	处理后重量 /g
操作人		操作日期		复核人	

2. 软材与湿颗粒的制备

（1）制备软材　在洗瓶中灌入 50% 乙醇溶液，少量多次地加入到混合物料粉末中，用手混合制备软材。软材的适宜状态是“握之成团，触之即散”（图 1-9）。

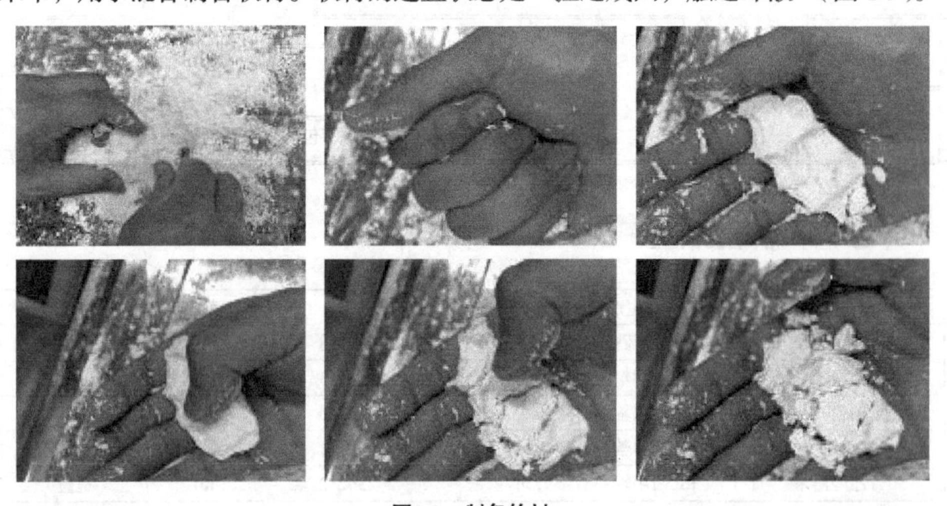

图1-9　制备软材

（2）挤压制粒　将 16 目药筛倒扣在空托盘上，用手抓一把软材并握紧，朝一个方向将软材挤压过筛。反复操作直至全部完成。

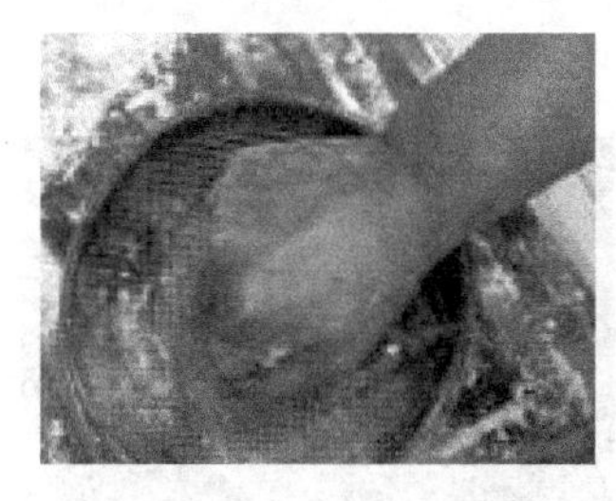
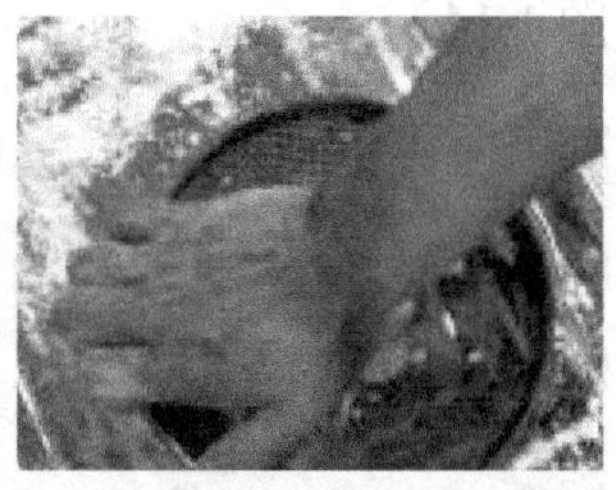
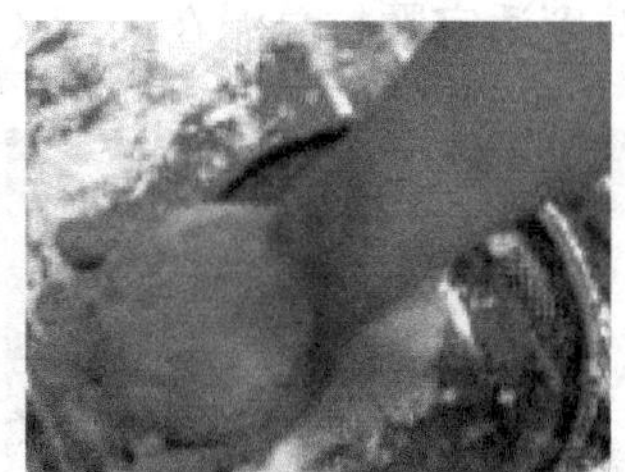

图1-10　挤压制粒

（3）水分调试　如过筛的颗粒情况不符合粒度要求，应再次调整水分。若挤压后的颗粒不太成型，粉末较多，如图 1-11，则说明润湿剂不够，应继续添加；若挤压过筛的颗粒成长条状，如图 1-12，则说明润湿剂偏多，此时应再按比例称取物料，加入到软材中；如果软材成面团状，说明润湿剂过多，应重新制软材；图 1-13 为适宜状态。

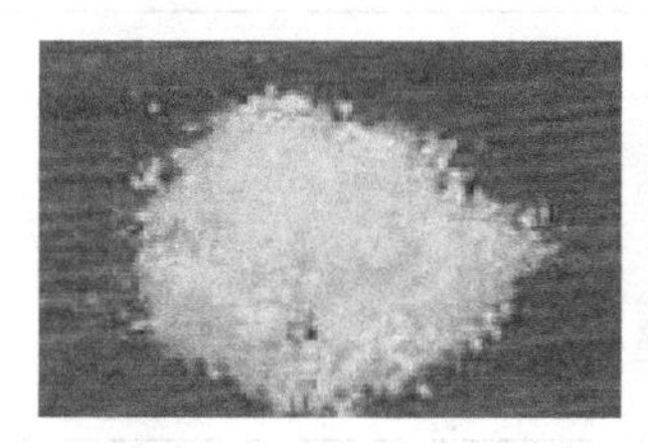

图1-11　水分过少

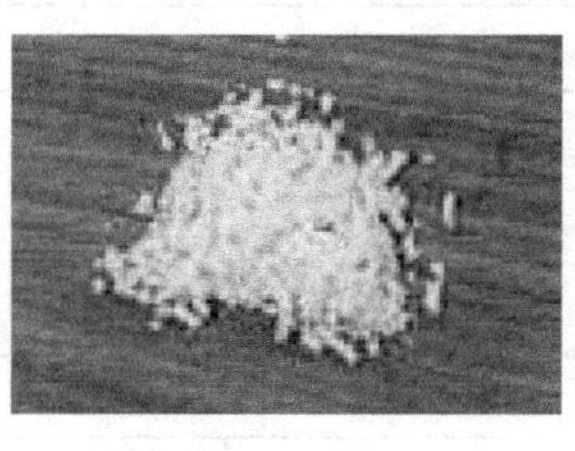

图1-12　水分过多

图1-13　水分适宜

3. 干燥

将托盘内的湿颗粒轻摇均匀铺开，放入 50 ～ 60℃的烘箱内进行干燥。注意干燥温度应逐渐升高，否则颗粒的表面干燥易结成一层硬膜而影响内部水分的蒸发；而且颗粒中的糖粉骤遇高温时能熔化，使颗粒坚硬，糖粉与其共存时，温度稍高即结成黏块。

<table>
<tr><td>产品名称</td><td></td><td>规格</td><td></td><td>批号</td><td></td></tr>
<tr><td>干燥设备名称</td><td colspan="2"></td><td>设备编号</td><td colspan="2"></td></tr>
<tr><td>设定干燥温度</td><td colspan="2"></td><td>稳定后温度</td><td colspan="2"></td></tr>
<tr><td>开始干燥时间</td><td colspan="2"></td><td>干燥结束时间</td><td colspan="2"></td></tr>
<tr><td rowspan="5">过程记录
（内控标准为＜ 2%）</td><td colspan="2">时间</td><td>温度</td><td colspan="2">水分测定 / 是否在内控范围</td></tr>
<tr><td colspan="2"></td><td></td><td colspan="2">%　是□ 否□</td></tr>
<tr><td colspan="2"></td><td></td><td colspan="2">%　是□ 否□</td></tr>
<tr><td colspan="2"></td><td></td><td colspan="2">%　是□ 否□</td></tr>
<tr><td colspan="2"></td><td></td><td colspan="2">%　是□ 否□</td></tr>
<tr><td>操作人</td><td colspan="2"></td><td>复核人</td><td colspan="2"></td></tr>
</table>

4. 整粒与总混

将干燥后的颗粒用双筛分法（16 目筛在上，80 目筛在下）整粒，收集中间粒度适宜颗粒总混在一起（图 1-14）。

图1-14　整粒

<table>
<tr><td>产品名称</td><td></td><td>规格</td><td></td><td>批号</td><td></td></tr>
<tr><td>双筛分目数</td><td colspan="5"></td></tr>
<tr><td>合格颗粒 /g</td><td colspan="5"></td></tr>
<tr><td>过粗颗粒 /g</td><td colspan="5"></td></tr>
<tr><td>细粉 /g</td><td colspan="5"></td></tr>
<tr><td>物料平衡</td><td colspan="5">① 合格颗粒收率 /%= $\frac{\text{合格颗粒 /g}}{\text{领料量 /g}} \times 100\%$
② 平衡收率 /%= $\frac{\text{合格颗粒 /g} + \text{粗颗粒 /g} + \text{细粉 /g}}{\text{领料量 /g}} \times 100\%$</td></tr>
<tr><td>操作人</td><td colspan="2"></td><td>复核人</td><td colspan="2"></td></tr>
</table>

5. 分剂量、包装

使用重量法，按 10g/ 袋的规格进行分剂量，装入自封袋中封口，并贴上标签，标签上需注明产品名称、规格、批号、生产日期、操作人及复核人名字。

（六）清场

规范完成清场并填写清场记录。

清场记录单

<table>
<tr><td>内容</td><td>流程</td><td>是否完成（√）</td></tr>
<tr><td rowspan="2">设备、容器具及环境清理</td><td>按清洁工艺规程清洁质检设备、容器及用具</td><td></td></tr>
<tr><td>清理室内环境卫生</td><td></td></tr>
<tr><td rowspan="2">物料清理</td><td>将生产所用物料放回指定区域</td><td></td></tr>
<tr><td>将生产产品转至物料暂存间相应区域</td><td></td></tr>
<tr><td colspan="3">清场人：__________、__________</td></tr>
</table>

（七）任务评价

评价内容	评价标准	得分	扣分原因
课前任务及领料（10分）	(1)能读懂工作任务单，正确领料(5分) (2)按时完成课前任务(5分)		
过程操作（40分）	(1)能正确制备软材及湿粒(10分) (2)颗粒干燥符合要求(10分) (3)能规范整粒和总混(10分) (4)分剂量与包装标识正确(10分)		
产品情况（20分）	(1)产品粒度适宜，无明显污染(5分) (2)平衡收率达80%，每下降2%扣1分(10分) (3)产品数量达标(5分)		
清场情况（10分）	(1)设备与容器具清理(5分) (2)物料清理(5分)		
记录填写（10分）	记录填写正确、规范(10分)(每错误一处扣一分)		
职业核心能力（10分）	(1)着装符合要求(3分) (2)操作规范，未出现安全隐患(3分) (3)小组分工、合作、纪律情况(4分)		

任务二　维生素C颗粒的质量检测

一、学习目标

1. 能读懂工作任务单，描述颗粒剂的质检项目类型，并完成课前任务；
2. 能用双筛分法等对颗粒剂的粒度进行检测；
3. 能根据药典方法进行干燥失重、溶化性和装量差异检测；
4. 能对检测结果进行质量判断；
5. 能按照规程清场；
6. 能小组合作，完成批记录填写，自我评价总结。

二、基本知识

《中华人民共和国药典》(以下简称《中国药典》2020年版)中颗粒剂的质检项目和要求如下。

1. 粒度

除另有规定外，照粒度和粒度分布测定法(通则0982第二法 双筛分法)测定，不能通过一号筛与能通过五号筛的总和不得超过15%。

2. 水分

中药颗粒剂照水分测定法（通则 0832）测定，除另有规定外，水分不得超过 8.0%。

3. 干燥失重

除另有规定外，化学药品和生物制品颗粒剂照干燥失重测定法（通则 0831）测定，于 105℃干燥（含糖颗粒应在 80℃减压干燥）至恒重，减失重量不得超过 2.0%。

4. 溶化性

除另有规定外，颗粒剂照下述方法检查，溶化性应符合规定。含中药原粉的颗粒剂不进行溶化性检查。

可溶颗粒检查法：取供试品 10g（中药单剂量包装取 1 袋），加热水 200mL，搅拌 5 分钟，立即观察，可溶颗粒应全部溶化或轻微浑浊。

泡腾颗粒检查法：取供试品 3 袋，将内容物分别转移至盛有 200mL 水的烧杯中，水温为 15 ～ 25℃，应迅速产生气体而呈泡腾状，5 分钟内颗粒均应完全分散或溶解在水中。

颗粒剂按上述方法检查，均不得有异物，中药颗粒还不得有焦屑。

混悬颗粒以及已规定检查溶出度或释放度的颗粒剂可不进行溶化性检查。

5. 装量差异

单剂量包装的颗粒剂按下述方法检查，应符合规定。

检查法：取供试品 10 袋（瓶），除去包装，分别精密称定每袋（瓶）内容物的重量，求出每袋（瓶）内容物的装量与平均装量。每袋（瓶）装量与平均装量相比较［凡无含量测定的颗粒剂或有标示装量的颗粒剂，每袋（瓶）装量应与标示装量比较］，超出装量差异限度的颗粒剂不得多于 2 袋（瓶），并不得有 1 袋（瓶）超出装量差异限度 1 倍。

平均装量或标示装量	装量差异限度
1.0g 及 1.0g 以下	±10%
1.0g 以上至 1.5g	±8%
1.5g 以上至 6.0g	±7%
6.0g 以上	±5%

三、能力训练

工作任务单

组别 __________ 姓名 ____________

（一）问题情景

我院校企合作单位有一批维生素 C 颗粒剂即将临期，委托我院根据《中国药典》标准及检验指令要求进行质量检验。

检验指令单

指令编号：QGYXX-2025-2-2　　产品名称：维生素C颗粒

产品代码：WSSCKL-01　　规格：10g/包

批号：20250224　　批量：20包

质量部签发人：赵五　　签发日期：2025年2月22日

批准人：王六　　批准日期：2025年2月23日

QC检验室于2025年2月24日开始检测上述品种质量，于2025年2月24日结束。

（二）课前任务

1. 复习药物制剂技术课程相关知识，回顾颗粒剂的质量检查项目和标准。

	质量检查项目	药典标准
1		
2		
3		
4		
5		
6		

2. 根据质量检查项目及方法，罗列出所需的检测设备和仪器。

检测颗粒剂的质量所需设备仪器有：

（三）检验记录单

1. 粒度

使用双筛分法：将1号筛在上，5号筛在下紧密套合，取单剂量包装的5袋，称定重量，置上层药筛中，套合好配套筛底筛盖保持水平状态筛分，左右往返，边筛动边轻叩3分钟。取不能通过1号筛和能通过5号筛的粉粒，称定重量，计算其所占比例（%）。

筛分前重量 /g	不能通过 1 号筛的颗粒重量 /g	能通过 5 号筛的粉末重量 /g
计算比例 /%		
是否合格	合格□　不合格□（不超过 15% 为合格）	
操作人		复核人

2. 干燥失重

按照《中国药典》（2020 年版）四部干燥失重测定法测定，于 105℃干燥至恒重，减失重量不得超过 2.0%。

时间	重量	时间	重量	时间	重量	时间	重量
计算失重率				判断是否合格		合格□ 不合格□	
操作人				复核人			

3. 溶化性

参照《中国药典》（2020 年版）四部颗粒剂项下检查，化学药品颗粒剂取 10g，加热水 200mL（70 ～ 80℃），搅拌 5 分钟，立即观察，应全部溶化，允许有轻微浑浊，但不得有异物。

取样重量 /g	加入热水体积 /mL	搅拌时间 / 分钟
现象描述		
结果判断	合格□　不合格□	
操作人		复核人

4. 装量差异

参照《中国药典》（2020 年版）四部颗粒剂项下检查，取供试品 10 袋（瓶），除去包装，分别精密称定每袋（瓶）内容物的重量，求出每袋（瓶）内容物的装量与平均装量。每袋（瓶）装量与平均装量比较，超出装量差异限度的颗粒剂不得多于 2 袋（瓶），并不得有 1 袋（瓶）超出装量差异 1 倍。

颗粒剂的装量差异限度

平均装量或标示装量	装量差异限度
1.0g 或 1.0g 以下	±10%
1.0g 以上至 1.5g 以下	±8%
1.5g 以上至 6g	±7%
6g 以上	±5%

操作记录单

产品名称		规格		批号	
总重			平均装量		
W_1	W_2	W_3		W_4	W_5
W_6	W_7	W_8		W_9	W_{10}
限度	上限： 下限： 上限限度(一倍)： 下限限度(一倍)：				
结论					

(四)清场

规范完成清场并填写清场记录。

清场记录单

内容	流程	是否完成(√)
设备、容器具及环境清理	按清洁工艺规程清洁质检设备、容器及用具	
	清理室内环境卫生	
物料清理	将检验所用物料放回指定区域	
	将检验产品转至物料暂存间相应区域	
		清场人：________、________

(五)任务评价

评价内容	评价标准	得分	扣分原因
课前任务(10分)	(1)能读懂工作任务单，明确检验项目(5分) (2)按时完成课前任务(5分)		
检测操作(40分)	(1)能用双筛分法正确检测粒度(10分) (2)能按药典要求正确检测干燥失重(10分) (3)能按药典要求正确检测溶化性(10分) (4)能按药典要求正确检测装量差异(10分)		
结果判断(20分)	(1)粒度判断正确(4分) (2)干燥失重判断正确(4分) (3)溶化性判断正确(4分) (4)装量差异计算及结果判断正确(8分)		

续表

评价内容	评价标准	得分	扣分原因
清场情况（10分）	（1）设备、容器具、环境清理（5分） （2）物料清理（5分）		
记录填写（10分）	记录填写正确、规范（10分）（每错误一处扣一分）		
职业核心能力（10分）	（1）着装符合要求（3分） （2）操作规范，未出现安全隐患（3分） （3）小组分工、合作、纪律情况（4分）		

附 药品检验报告书

编号：KH/ZA002-1

颗粒剂检验报告单

<table>
<tr><td>产品名称</td><td></td><td>规格</td><td></td></tr>
<tr><td>批号</td><td></td><td>数量</td><td></td></tr>
<tr><td>请检部门</td><td></td><td>请检日期</td><td></td></tr>
<tr><td>有效期至</td><td></td><td>报告日期</td><td></td></tr>
<tr><td>检验依据</td><td colspan="3"></td></tr>
<tr><td colspan="4">检验项目　　　　标准规定　　　　检验结果
【粒度】

【干燥失重】

【溶化性】

【装量差异】

</td></tr>
<tr><td>检验结论</td><td colspan="3"></td></tr>
<tr><td colspan="4">检验人：　　　　复核人：　　　　审核人：

日期：　　　　日期：　　　　日期：</td></tr>
</table>

综合考核：空白颗粒的制备与质量检测

工作任务单

组别 ＿＿＿＿＿ 姓名 ＿＿＿＿＿＿ 、＿＿＿＿＿＿

一、任务情境

我院校企合作单位委托我院小批量生产一批空白颗粒剂并进行质量检测，请按照生产指令单及SOP要求规范生产，根据《中国药典》（2020年版）标准及检验指令要求进行质量检测。

生产及检验指令单

指令编号：QGYXX-2025-3-1　　产品名称：空白颗粒

产品代码：WSSCKL-02　　规格：10g/包

批号：20250302　　批量：20包

生产部签发人：张三　　签发日期：2025年2月28日

批准人：李四　　批准日期：2025年3月1日

固体制剂车间于2025年3月2日开始生产上述品种，于2025年3月2日结束。

QC检验室于2025年3月3日开始检测上述品种质量，于2025年3月3日结束。

二、原辅料投料量

名称	生产厂家	批号	单位	数量
淀粉	ABC药业有限公司	20230328	g	140
糊精	EF药用辅料有限公司	20230123	g	20
糖粉	EF药用辅料有限公司	20230220	g	20
蒸馏水	/	/	mL	适量

三、物料的领取及生产配料领料单填写

品名		规格		批号	
批生产数量		计划生产周期		指令编号	
物料名称	物料批号	供应商名称	计划领料量	实际领料量	
备注：					
领料人		领料日期		发料人	

四、生产SOP及批记录填写

1. 物料的粉碎、筛分与混合

①将领取物料分别使用6号筛（100目）做过筛处理，过筛后称重记录。

②将筛分后的物料置于托盘中，混合均匀。

序号	物料名称	物料批号	处理筛目	领取重量/g	处理后重量/g
操作人		操作日期		复核人	

2. 软材与湿颗粒的制备

（1）制备软材　在洗瓶中灌入蒸馏水，少量多次地加入到混合物料粉末中，用手混合制备软材。软材的适宜状态是“握之成团，触之即散”。

（2）水分调试　根据过筛的颗粒情况再次调整水分。若挤压后的颗粒不太成型，粉末较多，则说明润湿剂不够，应继续添加；若挤压过筛的颗粒成长条状，则说明润湿剂偏多，此时应再按比例称取物料，加入到软材中；如果软材成面团状，说明润湿剂过多，应重新制软材。

（3）挤压制粒　将16目药筛倒扣在空托盘上，用手抓一把软材并握紧，朝一个方向将软材挤压过筛。反复操作直至全部完成。

3. 干燥

具体内容参见任务一维生素 C 颗粒的制备相关内容。

4. 整粒与总混

具体内容参见任务一维生素 C 颗粒的制备相关内容。

5. 分剂量、包装

使用重量法，按 10g/ 袋的规格进行分剂量，装入自封袋中封口，并贴上标签，标签上需注明产品名称、规格、批号、生产日期、操作人及复核人名字。

五、检验记录单

组与组之间交换产品，进行检验和记录。检测产品组别：___________

1. 粒度

使用双筛分法：将 1 号筛在上，5 号筛在下紧密套合，取单剂量包装的 5 袋，称定重量，置上层药筛中，套合好配套筛底筛盖，保持水平状态筛分，左右往返，边筛动边轻叩 3 分钟。取不能通过 1 号筛和能通过 5 号筛的粉粒，称定重量，计算其所占比例（%）。

筛分前重量 /g	不能通过一号筛的颗粒重量 /g		能通过五号筛的粉末重量 /g
计算比例 /%			
是否合格	合格□　不合格□　（不超过 15% 为合格）		
操作人		复核人	

2. 干燥失重

按照《中国药典》（2020 年版）四部干燥失重测定法测定，于 105℃干燥至恒重，减失重量不得超过 2.0%。

时间	重量	时间	重量	时间	重量	时间	重量
计算失重率				判断是否合格		合格□ 不合格□	
操作人				复核人			

3. 溶化性

参照《中国药典》（2020 年版）四部颗粒剂项下检查，化学药品颗粒剂取 10g，加热水 200mL（70 ～ 80℃），搅拌 5 分钟，立即观察，应全部溶化，允许有轻微浑浊，但不得有异物。

<table>
<tr><td>取样重量 /g</td><td colspan="2">加入热水体积 /mL</td><td colspan="2">搅拌时间 /min</td></tr>
<tr><td></td><td colspan="2"></td><td colspan="2"></td></tr>
<tr><td>现象描述</td><td colspan="4"></td></tr>
<tr><td>结果判断</td><td colspan="4">合格□　不合格□</td></tr>
<tr><td>操作人</td><td></td><td colspan="2">复核人</td><td></td></tr>
</table>

4. 装量差异

参照《中国药典》(2020年版)四部颗粒剂项下检查，取供试品10袋(瓶)，除去包装，分别精密称定每袋(瓶)内容物的重量，求出每袋(瓶)内容物的装量与平均装量。每袋(瓶)装量与平均装量比较，超出装量差异限度的颗粒剂不得多于2袋(瓶)，并不得有1袋(瓶)超出装量差异1倍。

颗粒剂的装量差异限度

平均装量或标示装量	装量差异限度
1.0g或1.0g以下	±10%
1.0g以上至1.5g以下	±8%
1.5g以上至6g	±7%
6g以上	±5%

操作记录单

<table>
<tr><td>产品名称</td><td></td><td>规格</td><td></td><td>批号</td><td></td></tr>
<tr><td>总重</td><td colspan="2"></td><td>平均装量</td><td colspan="2"></td></tr>
<tr><td>W_1</td><td>W_2</td><td colspan="2">W_3</td><td>W_4</td><td>W_5</td></tr>
<tr><td></td><td></td><td colspan="2"></td><td></td><td></td></tr>
<tr><td>W_6</td><td>W_7</td><td colspan="2">W_8</td><td>W_9</td><td>W_{10}</td></tr>
<tr><td></td><td></td><td colspan="2"></td><td></td><td></td></tr>
<tr><td>限度</td><td colspan="5">上限：

下限：

上限限度(一倍)：

下限限度(一倍)：</td></tr>
<tr><td>结论</td><td colspan="5"></td></tr>
</table>

六、清场

规范完成清场并填写清场记录。

清场记录单

内容	流程	是否完成（√）
设备、容器具及环境清理	按清洁工艺规程清洁质检设备、容器及用具	
	清理室内环境卫生	
物料清理	将生产和检验所用物料放回指定区域	
	将生产和检验产品转至物料暂存间相应区域	
		清场人：__________、__________

七、任务评价

评价内容	评价标准	得分	扣分原因
接收信息及领料（10分）	能读懂工作任务单，正确领料（10分）		
过程操作（30分）	（1）能正确规范制备颗粒（10分） （2）能正确规范进行质检操作及结果判断（20分）		
产品情况（30分）	（1）产品外观良好，无明显污染（2分） （2）合格颗粒收率达60%，平衡收率达80%，每一项下降2%扣1分（18分） （3）产品数量达标，包装标识正确（2分） （4）产品粒度合格（2分） （5）产品干燥失重合格（2分） （6）产品溶化性合格（2分） （7）产品装量差异合格（2分）		
清场情况（10分）	（1）设备与容器具清理（5分） （2）物料清理（5分）		
记录填写（10分）	记录填写正确、规范（10分）（每错误一处扣一分）		
职业核心能力（10分）	（1）着装仪表符合要求（4分） （2）操作规范，未出现安全隐患（3分） （3）小组分工、合作、纪律情况（3分）		

附 药品检验报告书

编号：KH/ZA002-1

颗粒剂检验报告单

<table>
<tr><td>产品名称</td><td></td><td>规格</td><td></td></tr>
<tr><td>批号</td><td></td><td>数量</td><td></td></tr>
<tr><td>请检部门</td><td></td><td>请检日期</td><td></td></tr>
<tr><td>有效期至</td><td></td><td>报告日期</td><td></td></tr>
<tr><td>检验依据</td><td colspan="3"></td></tr>
<tr><td colspan="4">检验项目 标准规定 检验结果
【粒度】

【干燥失重】

【溶化性】

【装量差异】</td></tr>
<tr><td>检验结论</td><td colspan="3"></td></tr>
<tr><td colspan="4">检验人： 复核人： 审核人：

日期： 日期： 日期：</td></tr>
</table>

1-1 颗粒剂的制备与质量检测

项目二　片剂的制备与质量检测

任务一　压片机的拆装保养与空机操作

一、核心概念

1. 压片机的种类

目前常用的压片机有撞击式单冲压片机和旋转式多冲压片机（图 2-1）。此外还有二步（三步）压制压片机、多层片压片机和压制包衣机等。

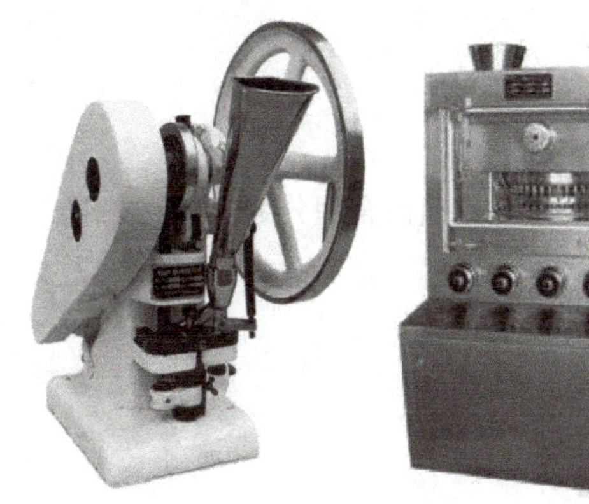

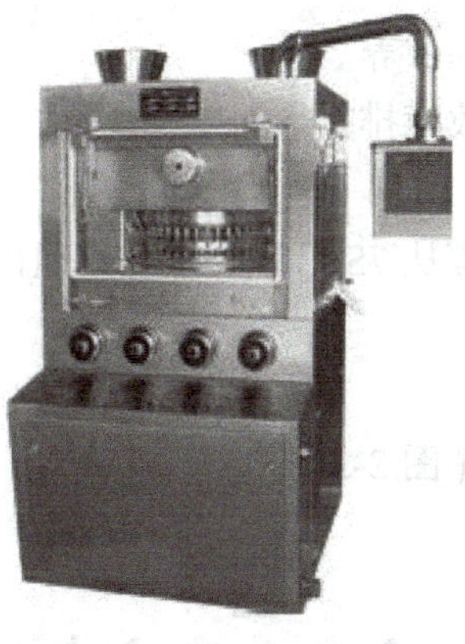

图2-1　压片机

2. 压片机的组成

冲和模是压片机的重要部件。另外，出片调节器（图 2-2）用以调节下冲推片时抬起的高度，使恰与模圈的上缘相平；片重调节器用于调节下冲下降的深度，从而调节模孔的容积而控制片重；压力调节器是用于调节上冲下降的深度，下降深度大，上、下冲间的距离近，压力大，反之则小。

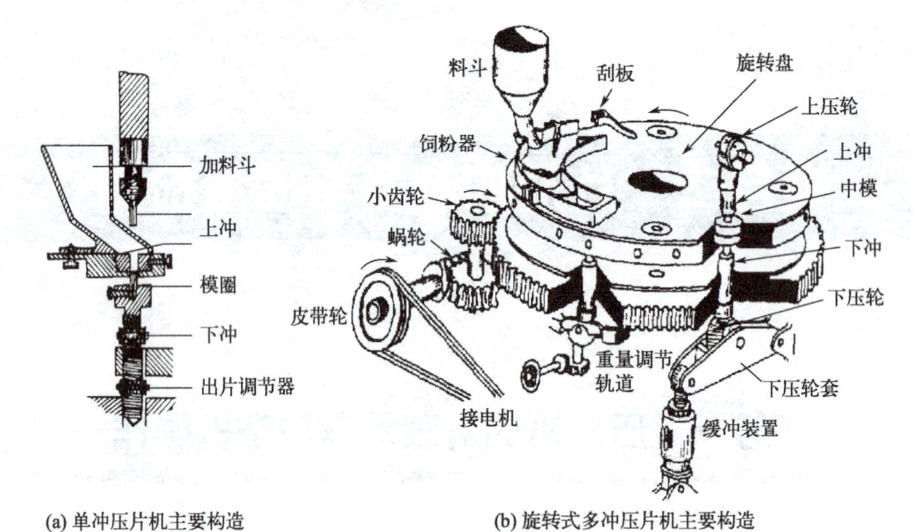

(a) 单冲压片机主要构造　　(b) 旋转式多冲压片机主要构造

图2-2　压片机主要构造

二、学习目标

1. 能读懂工作任务单，并自主完成课前任务。

2. 能理解压片原理，认识压片机的构造，并正确安装和拆卸 7 冲旋转式多冲压片机。

3. 能按照要求完成压片机的保养。

4. 能进行空机操作和简单故障排查。

5. 能按照规程清场。

6. 能树立安全生产意识并遵从 7S 管理要求，小组内合理分工，高效协作。

三、基本知识

1. 单冲压片机的操作过程（图 2-3）

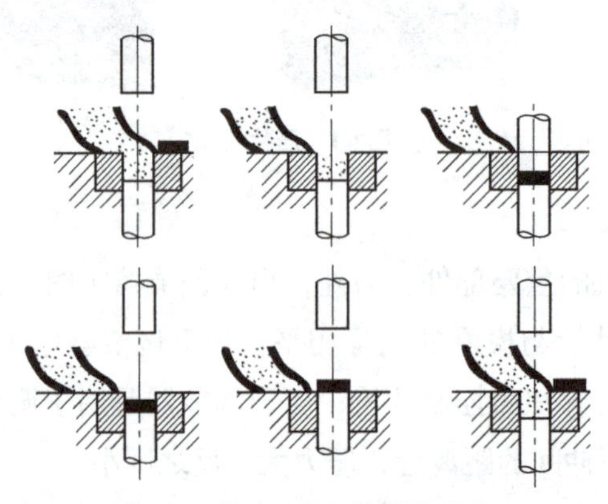

图2-3　单冲压片机的操作过程

① 上冲抬起，饲粉器移动到模孔之上。

② 下冲下降到适宜深度，饲粉器在模上摆动，颗粒填满模孔。

③ 饲粉器由模孔上移开，使模孔中的颗粒与模孔的上缘相平。

④ 上冲下降并将颗粒压缩成片。

2. 旋转式多冲压片机

旋转式多冲压片机是目前常用的压片机，主要由动力部分、传动部分和工作部分组成。

其工作部分有绕轴而旋转的机台，机台分为三层，机台的上部装着上冲转盘，在中间为固定冲模的模盘，下部是下冲转盘；另有固定位置的上、下压轮、片重调节器、压力调节器、饲粉器、刮粉器、推片调节器以及附属的吸尘器和防护装置。机台转动，则上冲与下冲随转盘沿着固定的轨道有规律地上、下运动；对模孔中的颗粒加压；颗粒由固定位置的饲粉器不断地流入刮粉器中并由此流入模孔（图 2-4）。压力调节器位于下压轮的下方，调节压缩时下冲升起的高度，当上下冲间距离越近，压力越大。片重调节器装于下冲轨道上，用于调节下冲升降以改变模孔的容积，控制片重。旋转式多冲压片机的饲粉方式合理，片重差异小；由上、下两方加压，压力分布均匀；生产效率较高。

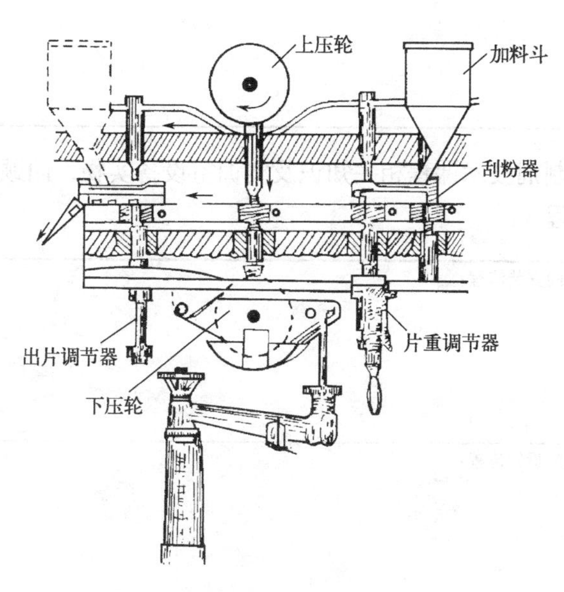

图2-4　旋转式多冲压片机过程示意图

四、能力训练

工作任务单

组别＿＿＿＿＿＿ 姓名＿＿＿＿＿＿＿、＿＿＿＿＿＿＿

（一）问题情景

我院校企合作单位委托我院小批量生产一批维生素C片剂，结合我校实际情况，选用7冲旋转式多冲压片机生产，现进行压片机的简单拆装、保养等调试工作。

（二）课前任务

1. 查找资料，复习回顾压片机的分类、结构和工作原理。

压片机的分类：
压片机的主要结构：
压片机的工作原理：

2. 结合药物制剂技术课程相关知识及实训室设备实物，回顾7冲旋转式多冲压片机的拆装流程。

7冲旋转式多冲压片机的安装流程：
7冲旋转式多冲压片机的拆卸流程：

（三）操作前准备

1. 认识 7 冲旋转式多冲压片机各部件，对应填写名称。

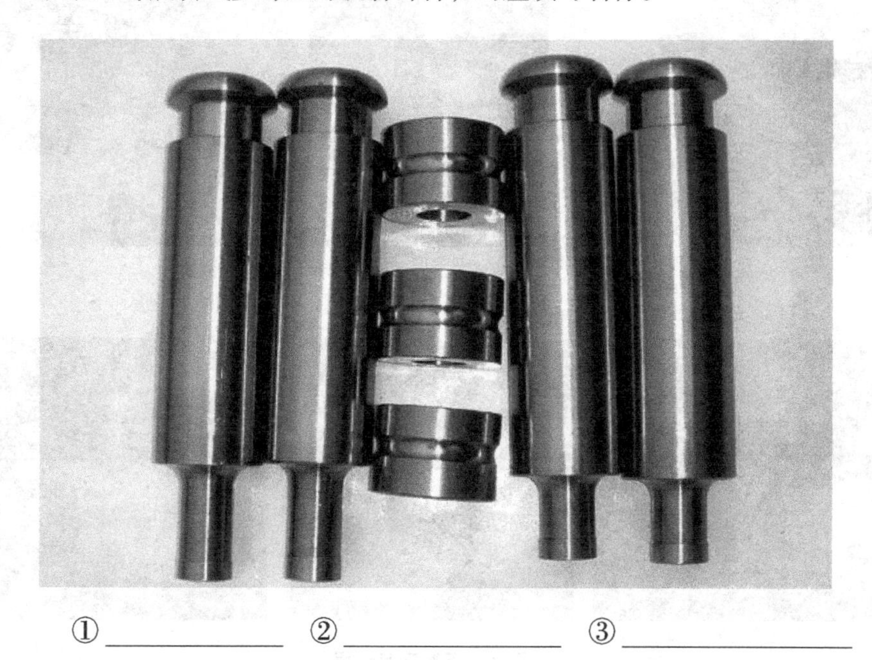

① ________ ② ________ ③ ________

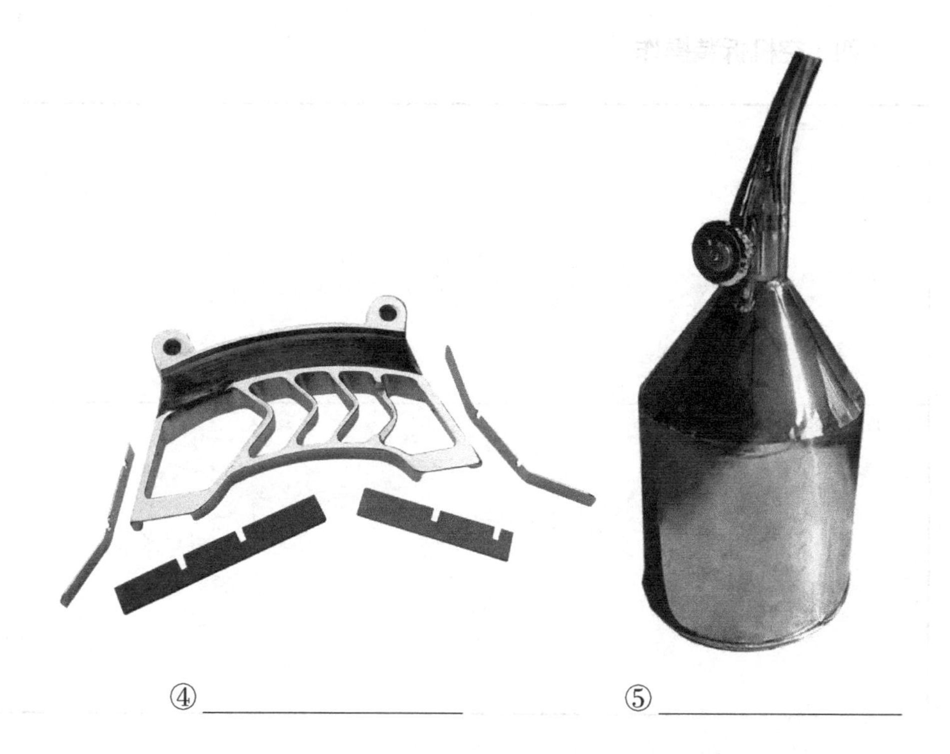

④ ________ ⑤ ________

2. 观看视频，进一步学习压片机的安装、拆卸操作流程（图 2-5，图 2-6）。

图2-5　上冲安装过程

图2-6　下冲安装过程

（四）空机拆装操作

(一)安装记录：
(二)拆卸记录：

（五）压片机的保养

（1）定期检查机件，每月进行1～2次，检查项目为蜗轮、蜗杆、轴承、压轮、曲轴、上下导轨等各活动部分是否转动灵活和磨损情况，发现缺陷应及时修复。

（2）一次使用完毕或停工时，应取出剩余粉剂，刷清机器各部分的残留粉子，如停用时间较长，必须将冲模全部拆下，并将机器全部揩擦清洁，机器的光面涂上防锈油，用布篷罩好。

（3）冲模的保养：应放置在有盖的铁皮箱内，使冲模全部浸入油中，并要保持清洁，勿使生锈和碰伤，尽可能定制铁箱以每一种规格装一箱，可避免使用时造成装错及有助于掌握损缺情况。

（4）使用场所应经常打扫清洁，不宜有灰砂、飞尘存在。

（六）清场

规范完成清场并填写清场记录。

清场记录单

内容	流程	是否完成（√）
设备、容器具及环境清理	按清洁工艺规程清洁质检设备、容器及用具	
	清理室内环境卫生	
物料清理	将保养所用物料放回指定区域	
	将拆机所用零件放回指定区域	
清场人：________、________		

（七）任务评价

评价内容	评价标准	得分	扣分原因
课前任务（10分）	（1）能读懂工作任务单，明确拆装流程（5分） （2）按时完成课前任务（5分）		
装机和空机操作（30分）	（1）认识压片机的构造（10分） （2）并正确安装7冲旋转式多冲压片机（10分） （3）能进行空机操作（10分）		
拆卸和保养操作（30分）	（1）进行简单故障排查（10分） （2）正确拆卸7冲旋转式多冲压片机（10分） （3）能按照要求完成压片机的保养（10分）		
清场情况（10分）	（1）设备、容器具、环境清理（5分） （2）物料清理（5分）		
记录填写（10分）	记录填写正确、规范（10分）（每错误一处扣一分）		
职业核心能力（10分）	（1）着装符合要求（3分） （2）操作规范，未出现安全隐患（3分） （3）小组分工、合作、纪律情况（4分）		

任务二　维生素C片的制备

2-1　片剂的制备

一、核心概念

1. 片剂

片剂是指药物或与适宜的辅料混匀压制而成的片状固体制剂。形状有圆片状、异形片状（如椭圆形、三角形、菱形、动物模型等）。

2. 片剂的优缺点

（1）优点　①剂量准确，患者按片服用剂量准确。②质量稳定，片剂是干燥固体剂型，受外界的影响小。③体积小，服用、携带、运输和贮存方便。④便于识别：药片上可以压上主药名和含量的标记，也可以将片剂染上不同颜色，便于识别。⑤成本低廉，片剂生产的机械化、自动化程度较高，可大量生产，卫生易控制，包装成本亦低。⑥可以制成不同类型的片剂。

（2）缺点　①幼儿及昏迷患者不易吞服；②压片时加入的辅料，有时影响药物的溶出和生物利用度；③片剂的制备较其他固体制剂有一定的难度，需要周密的处方设计；④如含有挥发性成分，不宜长期保存。

3. 片剂的分类

片剂以口服普通片为主，另有含片、舌下片、口腔贴片、咀嚼片、分散片、可溶片、泡腾片、阴道片、阴道泡腾片、缓释片、控释片、肠溶片与口崩片等。

二、学习目标

1. 能读懂工作任务单，并自主完成课前任务。
2. 能正确领料并规范填写领料单。
3. 能按照 SOP 生产片剂产品，并完成批记录的填写。
4. 按时完成产品包装，并按照规程清场。
5. 能树立安全生产意识并遵从 7S 管理要求，小组内合理分工，高效协作。

三、基本知识

1. 制备工艺流程

在片剂的制备方法中，湿法制粒压片是最为常见的，传统的湿法制粒压片的生产工艺流程如下。

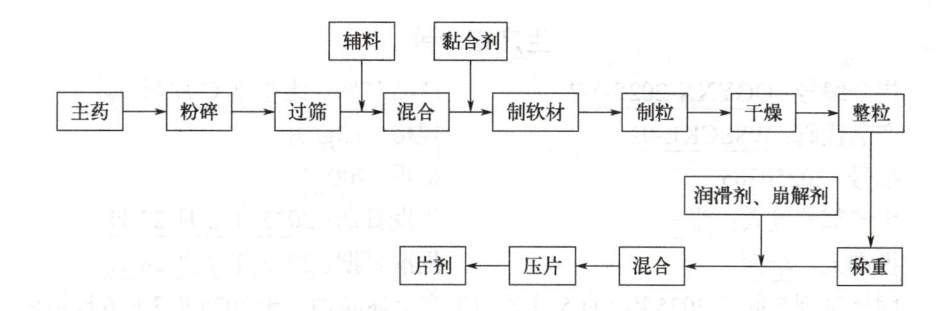

2. 制备要点

（1）制备片剂的药物和辅料在使用前必须经过干燥、粉碎和过筛等处理，方可投料生产。为了保证药物和辅料的混合均匀性以及适宜的溶出速度，药物的结晶须粉碎成细粉，一般要求粉末细度在 100 目以上。

（2）向已混匀的粉料中加入适量的黏合剂或润湿剂，用手工或混合机混合均匀制软材，软材的干湿程度应适宜，可凭经验掌握，即以“握之成团，轻压即散”为度。

（3）软材可通过适宜的筛网制成均匀颗粒。过筛制得的颗粒一般要求较完整，如果含细粉过多或呈线条状，往往出现太松或太硬现象，都不符合压片对颗粒的要求。

（4）制好的湿颗粒应尽快干燥，干燥的温度由物料的性质而定，一般为 50 ～ 60℃，对湿热稳定者，干燥温度可适当提高。

（5）湿颗粒干燥后，需过筛整粒以便将黏结成块的颗粒散开，整粒用筛的孔径与制粒时所用筛孔相同或略小，同时加入润滑剂和需外加法加入的崩解剂并与颗粒混匀。

（6）压片前必须对干颗粒及粉末的混合物进行含量测定，然后根据颗粒所含主药的量计算片重。

$$片重=\frac{每片应含主药量（标示量）}{干颗粒中主药百分含量测得值}$$

四、能力训练

工作任务单

组别＿＿＿＿＿＿ 姓名＿＿＿＿＿＿、＿＿＿＿＿＿

（一）问题情景

我院校企合作单位委托我院小批量生产一批维生素 C 片剂，结合我校实际情况，选用 7 冲旋转式多冲压片机生产，现照生产指令单和 SOP 要求规范生产。

生产指令单

指令编号：QGYXX-2025-3-2　　产品名称：维生素C片剂

产品代码：WSSCKL-01　　规格：0.3g/片

批号：20250305　　批量：200片

生产部签发人：张三　　签发日期：2025年2月27日

批准人：李四　　批准日期：2025年2月28日

固体制剂车间于2025年3月5日开始生产上述品种，于2025年3月6日结束。

（二）课前任务

1. 复习药物制剂技术课程相关知识，回顾片剂的制备工艺流程。

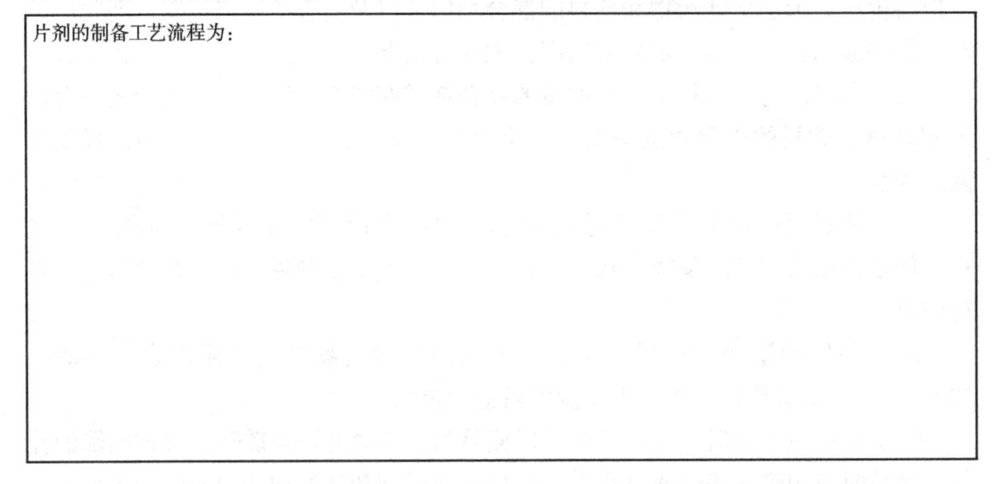

2. 请在以下片剂车间布局图中标出生产流程走向，并写出洁净区级别。

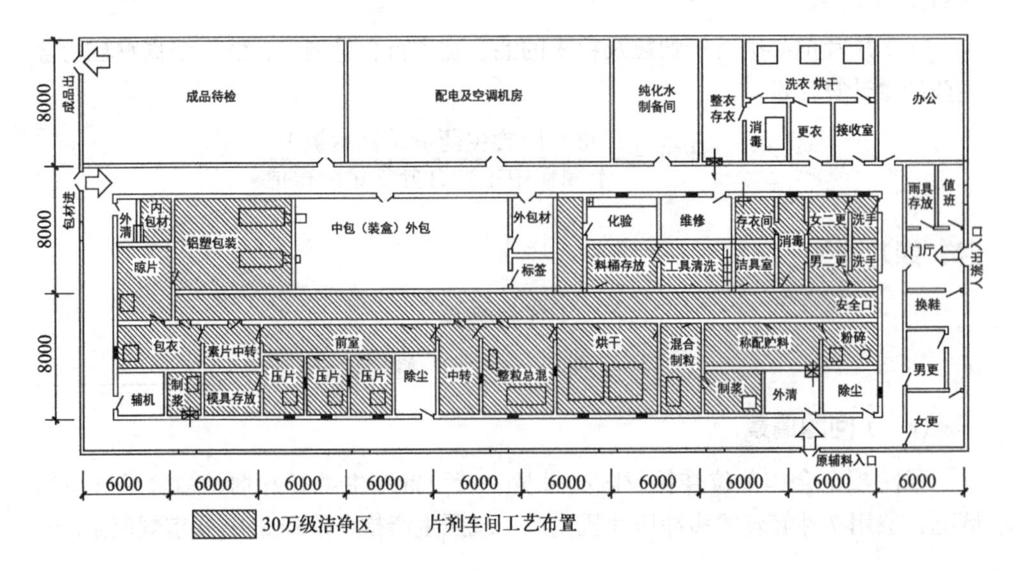

片剂车间工艺布置

（三）原辅料投料量

名称	生产厂家	批号	单位	数量
维生素C颗粒	ABC药业有限公司	20240328	g	2000
滑石粉	EF轻工药用辅料有限公司	20240123	g	适量

（四）物料的领取及生产配料领料单填写

品名		规格		批号	
批生产数量		计划生产周期		指令编号	
物料名称	物料批号	供应商名称	计划领料量	实际领料量	
备注：					
领料人		领料日期		发料人	

（五）生产SOP及批记录填写

1. 混合

将领取的维生素C颗粒与滑石粉混合均匀，备用。

2. 压片前检查

压片前检查记录

产品名称		规格		批号	
项目要求			检查情况		
1. 有上一批清场合格证副本			1. 是□　否□		
2. 现场温度符合生产规定 温度要求：18～26℃			2. 现场温度________ 是□　否□		
3. 现场湿度符合生产规定 湿度要求：45%～65%			3. 现场湿度________ 是□　否□		
4. 现场静压差符合生产规定 湿度要求：-5Pa～0Pa			4. 现场静压差________ 是□　否□		
5. 压片机是否完好并已清洁			5. 是□　否□		

续表

产品名称		规格		批号	
项目要求			检查情况		
6. 上冲检查是否符合要求			6. 是□　否□		
7. 下冲检查是否符合要求			7. 是□　否□		
8. 电子天平是否在校验有效期内			8. 是□　否□		
9. 工具、器具是否齐备，并已清洁、干燥、消毒			9. 是□　否□		
10. 生产现场是否有与本批次生产无关的遗留物			10. 是□　否□		
备注：					
操作人			复核人		

3. 压片机的安装与调试生产

按照顺序安装好压片机的各部件，空机旋转无异常后，加入物料，调试片重（图2-7），进行生产，收集产品及尾料、废料，计算物料平衡，并做好各项记录。

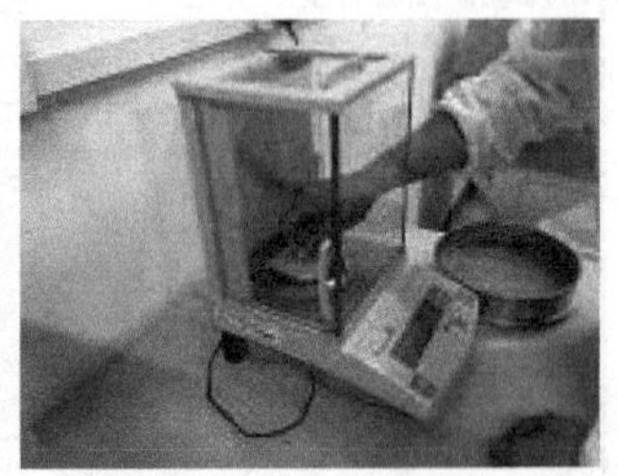

图2-7　压力和片重调试

压片操作记录

<table>
<tr><td>产品名称</td><td colspan="2"></td><td>规格</td><td>g/片</td><td>批号</td><td></td></tr>
<tr><td>颗粒重量</td><td colspan="2"></td><td>操作人</td><td></td><td>冲模规格</td><td></td></tr>
<tr><td rowspan="6">调试记录</td><td>序号</td><td>片重</td><td>硬度</td><td>序号</td><td>片重</td><td>硬度</td></tr>
<tr><td>1</td><td>g</td><td>N</td><td>6</td><td>g</td><td>N</td></tr>
<tr><td>2</td><td>g</td><td>N</td><td>7</td><td>g</td><td>N</td></tr>
<tr><td>3</td><td>g</td><td>N</td><td>8</td><td>g</td><td>N</td></tr>
<tr><td>4</td><td>g</td><td>N</td><td>9</td><td>g</td><td>N</td></tr>
<tr><td>5</td><td>g</td><td>N</td><td>10</td><td>g</td><td>N</td></tr>
<tr><td rowspan="2">正式生产记录</td><td colspan="2">开始压片时间</td><td>:</td><td colspan="2">结束压片时间</td><td>:</td></tr>
<tr><td>中间产品净重量</td><td>g</td><td>剩余尾料量</td><td>g</td><td>废料量</td><td>g</td></tr>
<tr><td>物料平衡</td><td colspan="6">物料平衡计算:(中间产品净重量+废料量+颗粒余量)/领颗粒量 ×100%
计算:(__________+__________+__________)/__________×100%=____________
符合规定□　　不符合规定□
计算人:____________　复核人:____________</td></tr>
<tr><td colspan="7">备注:</td></tr>
<tr><td>操作人</td><td colspan="2"></td><td colspan="2">复核人</td><td colspan="2"></td></tr>
</table>

(六)清场

按照顺序拆卸和清理压片机的各部件，对操作间进行清场，并做好清场记录。

压片工序清场记录

<table>
<tr><td>产品名称</td><td></td><td>规格</td><td>g/片</td><td>批号</td><td></td></tr>
<tr><td>清场日期</td><td colspan="5"></td></tr>
<tr><td colspan="6">清场工序所执行的操作程序
1. 按清洁 SOP 清洁生产设备，清洁后符合清洁合格标准。
2. 按清洁 SOP 清洁生产现场，清洁后符合清场合格标准。
3. 按清洁 SOP 清洁工具，清洁后符合清洁工具管理标准。</td></tr>
<tr><td colspan="2">清场项目</td><td colspan="3">清场要求</td><td>是否符合要求</td></tr>
<tr><td colspan="2">物料清除</td><td colspan="3">剩余的原辅料、尾料、包装袋等应清理出生产场所</td><td>是□ 否□</td></tr>
<tr><td colspan="2">废弃物</td><td colspan="3">清离现场，放置规定位置</td><td>是□ 否□</td></tr>
<tr><td rowspan="5">设备清洁检查</td><td>压片机内外</td><td colspan="3">应无油污、无粉尘、无残留物</td><td>是□ 否□</td></tr>
<tr><td>压片机台面</td><td colspan="3">应干净、无粉尘</td><td>是□ 否□</td></tr>
<tr><td>冲模</td><td colspan="3">应干净、无粉尘、无油污</td><td>是□ 否□</td></tr>
<tr><td>料斗</td><td colspan="3">应干净、无粉尘</td><td>是□ 否□</td></tr>
<tr><td>其他部件</td><td colspan="3">应干净、无粉尘</td><td>是□ 否□</td></tr>
<tr><td colspan="2">工艺文件</td><td colspan="3">按规定收集处理</td><td>是□ 否□</td></tr>
<tr><td colspan="2">工具</td><td colspan="3">清洁，放置规定放置处</td><td>是□ 否□</td></tr>
<tr><td colspan="2">容器清洁</td><td colspan="3">按容器清洁规程操作，标志符合状态</td><td>是□ 否□</td></tr>
<tr><td colspan="2">计算器具清洁</td><td colspan="3">应干净、无粉尘</td><td>是□ 否□</td></tr>
<tr><td colspan="2">生产现场清洁</td><td colspan="3">按生产现场清洁规程操作，标志符合状态</td><td>是□ 否□</td></tr>
<tr><td colspan="2">洁具清洁</td><td colspan="3">清洁，放置规定放置处</td><td>是□ 否□</td></tr>
<tr><td colspan="6">备注：</td></tr>
<tr><td colspan="2">操作人</td><td></td><td colspan="2">复核人</td><td></td></tr>
</table>

（七）任务评价

评价内容	评价标准	得分	扣分原因
课前任务及领料（10分）	（1）能读懂工作任务单，正确领料（5分） （2）按时完成课前任务（5分）		
过程操作（40分）	（1）按照要求进行压片前检查（10分） （2）压片机的安装（10分） （3）压片机的调试：重量和硬度（10分） （4）维生素C片剂的生产（10分）		
产品情况（20分）	（1）产品重量、硬度适宜，无明显污染（5分） （2）平衡收率达80%，每下降2%扣1分（10分） （3）产品数量达标（5分）		
清场情况（10分）	（1）设备与容器具清理（5分） （2）物料清理（5分）		
记录填写（10分）	记录填写正确、规范（10分）（每错误一处扣一分）		
职业核心能力（10分）	（1）着装符合要求（3分） （2）操作规范，未出现安全隐患（3分） （3）小组分工、合作、纪律情况（4分）		

任务三　维生素C片的质量检测

2-2　片剂的质量检查

一、学习目标

1. 能读懂工作任务单，描述片剂的质检项目类型，并完成课前任务。
2. 能对产品外观性状进行判断。
3. 能正确进行片重差异、硬度、脆碎度和崩解时限的检查。
4. 能对检测结果进行质量判断。
5. 能按照规程清场。
6. 能小组合作，完成批记录填写，自我评价总结。

二、基本知识

《中国药典》（2020年版）中片剂的质检项目和要求如下。

1. 外观性状

表面完整光洁、色泽均匀、字迹清晰、无杂色斑点和异物，包衣片中畸形不得超过 0.3%，并在规定的有效期内保持不变。

2. 重量差异

取供试品 20 片，精密称定总重量，求得平均片重后，再分别精密称定每片的重量，每片重量与平均片重相比较（凡无含量测定的片剂，每片重量应与标示片重比较），按下表的规定，超出重量差异限度的不得多于 2 片，并不得有 1 片超出限度 1 倍。

平均片重或标示片重	重量差异限度
0.30g 以下	±7.5%
0.30g 及 0.30g 以上	±5%

3. 硬度与脆碎度

硬度：在生产中检查硬度常用指压法，将片剂置于中指与食指之间，以拇指轻压，根据片剂的抗压能力，判断它的硬度。

脆碎度：是指片剂经过震荡、碰撞而引起的破碎程度（图 2-8）。脆碎度测定是《中国药典》(2020 年版）规定的非包衣片的检查项目。

4. 崩解时限

（1）压制片应在 15 分钟内全部崩解。

（2）糖衣片应在 1 小时内全部崩解。

（3）薄膜衣片在盐酸溶液（9 → 1000）中进行检查，应在 30 分钟内全部崩解。

（4）肠溶衣片先在盐酸溶液（9 → 1000）中检查 2 小时，每片均不得有裂缝、崩解或软化现象，再于 pH 为 6.8 的磷酸盐缓冲液中进行检查，1 小时内应全部崩解。

（5）含片应在 10 分钟内全部崩解或溶化；舌下片应在 5 分钟内全部崩解或溶化。

（6）可溶片应在 3 分钟内（水温为 15 ～ 25℃）全部崩解或溶化。

（7）泡腾片应在 5 分钟内崩解。

5. 含量均匀度

除另有规定外，片剂、硬胶囊剂、颗粒剂或散剂等，每一个单剂标示量小于 25mg 或主药含量小于每一个单剂重量 25% 者；药物间或药物与辅料间采用混粉工艺制成的注射用无菌粉末；内充非均相溶液的软胶囊；单剂量包装的口服混悬液、透皮贴剂和栓剂等品种项下规定含量均匀度应符合要求的制剂，均应检查含量均匀度。复方制剂仅检查符合上述条件的组分，多种维生素或微量元素一般不检查含量均匀度。凡检查含量均匀度的制剂，一般不再检查重（装）量差异；当全部主成分均进行含量均匀度检查时，复方制剂一般亦不再检查重（装）量差异。

6. 溶出度测定

溶出度测定有 3 种检测方法：转篮法、桨法、小杯法。操作过程有所不同，但操作结果的判断方法相同。

除此之外还有：释放度测定、发泡量、分散均匀性、微生物限度。

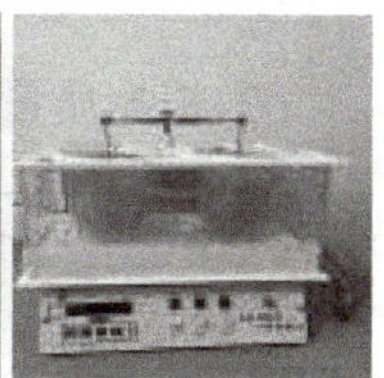

图2-8　脆碎仪、电子天平、硬度仪、六管崩解仪（从左向右）

三、能力训练

工作任务单

组别 __________ 姓名 ____________

（一）问题情景

我院校企合作单位委托我院小批量生产一批维生素 C 片剂，结合我校实际情况，现照质检指令单和 SOP 要求规范质检。

检验指令单

指令编号：QGYXX-2025-3-3	产品名称：维生素 C 片
产品代码：WSSCKL-01	规格：0.3g/ 片
批号：20250308	批量：200 片
质量部签发人：赵五	签发日期：2025 年 3 月 5 日
批准人：王六	批准日期：2025 年 3 月 5 日

QC 检验室于 2025 年 3 月 8 日开始检测上述品种质量，于 2025 年 3 月 10 日结束。

（二）课前任务

1. 复习药物制剂技术课程相关知识，回顾片剂的质量检查项目和标准。

	质量检查项目	药典标准
1		
2		
3		
4		
5		
6		
7		
8		

2. 根据质量检查项目及方法，罗列出所需的检测设备和仪器。

检测片剂的质量所需设备仪器有：

（三）检验记录单

1. 外观性状

片剂表面应色泽均匀、光洁，无杂斑，无异物。

产品名称		规格	g/片	批号	
外观描述					
是否合格	合格□ 不合格□				
操作人			复核人		

2. 片重差异

参照《中国药典》(2020年版)四部片剂项下检查，取供试品20片，精密称定每片片重，并求得平均片重。每片片重与平均片重比较，超出重量差异限度的药片不得多于2片，并不得有1片超出差异1倍。

片剂的片重差异限度

片剂的平均重量	装量差异限度
< 0.3g	±7.5%
≥ 0.3g	±10%

片重差异检测记录单

产品名称		规格		批号	
电子天平型号、编号，是否完好：					
总重			平均装量		
W_1	W_2	W_3	W_4	W_5	
W_6	W_7	W_8	W_9	W_{10}	
W_{11}	W_{12}	W_{13}	W_{14}	W_{15}	
W_{16}	W_{17}	W_{18}	W_{19}	W_{20}	
限度	上限： 下限： 上限限度(一倍)： 下限限度(一倍)：				
结论					
检测人			复核人		

3. 硬度

取供试品4片，用硬度计(图2-9)检测每片硬度，要求每一片均在内控标准范围内。

产品名称		规格	g/片	批号	
硬度计型号、编号，是否完好：					
硬度检测记录 内控标准：____N-____N					
是否合格	合格□　不合格□				
检测人		复核人			

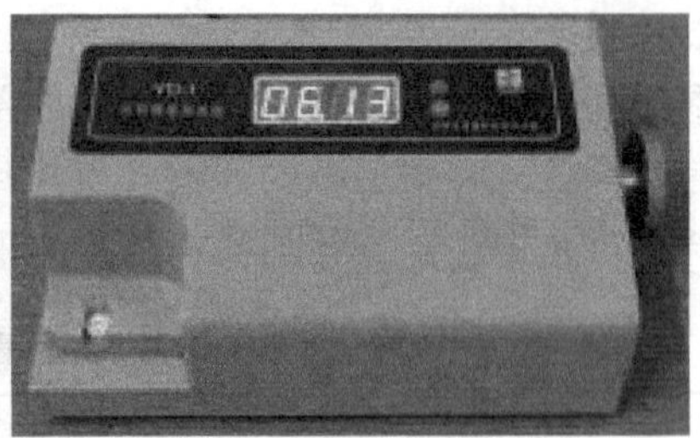

图2-9　硬度检测

4. 脆碎度

取适量供试品，精密称取总重，放入脆碎度检测仪中（图 2-10），以 25r/min 的速度转动 4min，取出供试品，不得出现断裂、龟裂或粉碎现象，用吹风机吹去粉末后精密称重，脆碎度＜ 1% 为合格。

<table>
<tr><td>产品名称</td><td></td><td>规格</td><td>g/ 片</td><td>批号</td><td></td></tr>
<tr><td colspan="6">脆碎度仪型号、编号、是否完好：</td></tr>
<tr><td colspan="2">脆碎度检测记录
合格标准：＜ 1%</td><td colspan="4">$W_{前}$=　　　　　　　　$W_{后}$=

脆碎度 =</td></tr>
<tr><td colspan="2">是否合格</td><td colspan="4">合格□　不合格□</td></tr>
<tr><td>检测人</td><td colspan="2"></td><td colspan="2">复核人</td><td></td></tr>
</table>

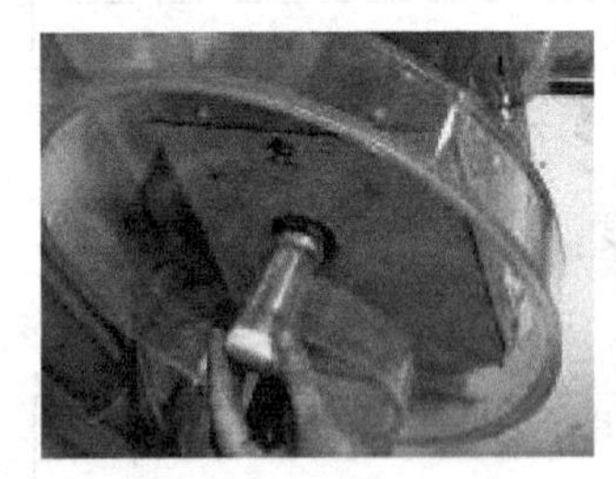
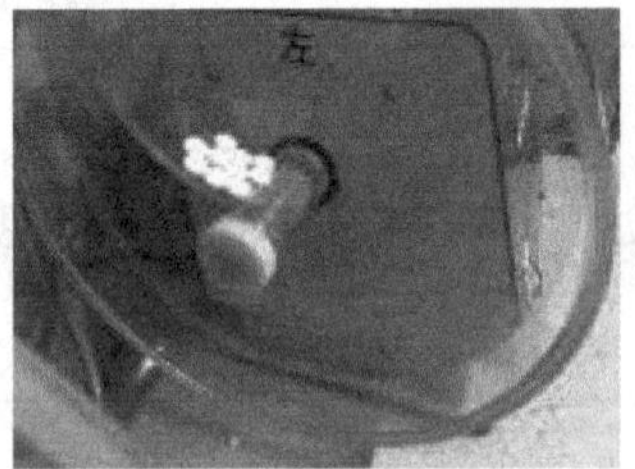

图2-10　脆碎度检测

5. 崩解时限

取供试品 6 片，分别置于崩解仪吊篮的玻璃管中（图 2-11），加挡板，启动崩解仪进行检查，记录崩解时间，并根据药典标准判断是否合格。

产品名称		规格	g/片	批号	
崩解仪型号、编号,是否完好:					
崩解时限检测记录 合格标准:<____min					
是否合格		合格□　不合格□			
检测人		复核人			

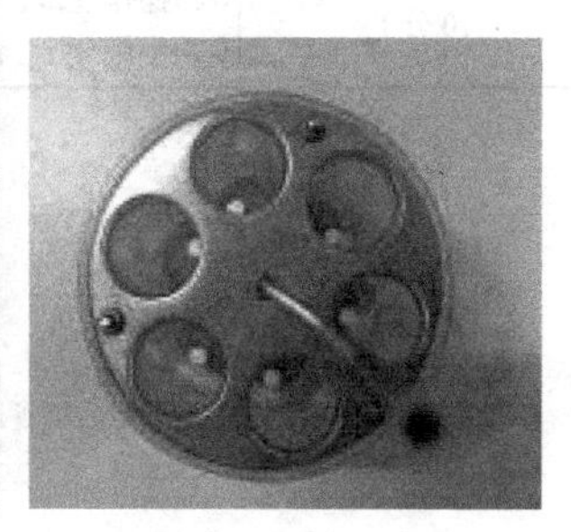

图2-11　崩解时限检测

(四)清场

规范完成清场并填写清场记录。

清场记录单

内容	流程	是否完成(√)
设备、容器具及环境清理	按清洁工艺规程清洁质检设备、容器及用具	
	清理室内环境卫生	
物料清理	将检验所用物料放回指定区域	
	将检验产品转至物料暂存间相应区域	
		清场人:________、________

(五)任务评价

评价内容	评价标准	得分	扣分原因
课前任务及领料 (10分)	(1)能读懂工作任务单,正确领料(5分) (2)按时完成课前任务(5分)		
过程操作 (40分)	(1)能按照药典要求检查片重差异(10分) (2)能按照药典要求检查硬度(10分) (3)能按照药典要求检查脆碎度(10分) (4)能按照药典要求检查崩解时限(10分)		
产品情况 (20分)	(1)产品外观适宜,无明显污染(5分) (2)产品片重差异、硬度和崩解时限符合要求(10分) (3)产品数量达标(5分)		

续表

评价内容	评价标准	得分	扣分原因
清场情况（10分）	（1）设备与容器具清理（5分） （2）物料清理（5分）		
记录填写（10分）	记录填写正确、规范（10分） （每错误一处扣一分）		
职业核心能力（10分）	（1）着装符合要求（3分） （2）操作规范，未出现安全隐患（3分） （3）小组分工、合作、纪律情况（4分）		

综合考核：空白片的制备与质量检测

工作任务单

组别＿＿＿＿＿ 姓名＿＿＿＿＿＿、＿＿＿＿＿＿

一、任务情境

我院校企合作单位委托我院小批量生产一批空白片剂并进行质量检测，请按照生产指令单及SOP要求规范生产，根据《中国药典》(2020年版)标准及检验指令要求进行质量检测。

生产及检验指令单

指令编号：QGYXX-2025-3-4　　产品名称：空白片

产品代码：WSSCKL-01　　规格：0.3g/片

批号：20250311　　批量：200片

生产部签发人：张三　　签发日期：2025年3月7日

批准人：李四　　批准日期：2025年3月9日

固体制剂车间于2025年4月1日开始生产上述品种，于2025年3月12日结束。

QC检验室于2025年3月13日开始检测上述品种质量，于2025年3月14日结束。

二、原辅料投料量

名称	生产厂家	批号	单位	数量
空白颗粒	AV药业有限公司	20220328	g	2000
滑石粉	DE药用辅料有限公司	20220123	g	适量

三、物料的领取及生产配料领料单填写

品名		规格		批号	
批生产数量		计划生产周期		指令编号	
物料名称	物料批号	供应商名称	计划领料量	实际领料量	
备注：					
领料人		领料日期		发料人	

四、生产SOP及批记录填写

1. 混合

将领取的空白颗粒与滑石粉混合均匀，备用。

2. 压片前检查

压片前检查记录

产品名称		规格		批号	
项目要求			检查情况		
1. 有上一批清场合格证副本			1. 是□ 否□		
2. 现场温度符合生产规定 温度要求：18～26℃			2. 现场温度________ 是□ 否□		
3. 现场湿度符合生产规定 湿度要求：45%～65%			3. 现场湿度________ 是□ 否□		
4. 现场静压差符合生产规定 湿度要求：-5Pa～0Pa			4. 现场静压差________ 是□ 否□		
5. 压片机是否完好并已清洁			5. 是□ 否□		
6. 上冲检查是否符合要求			6. 是□ 否□		
7. 下冲检查是否符合要求			7. 是□ 否□		
8. 电子天平是否在校验有效期内			8. 是□ 否□		
9. 工具、器具是否齐备，并已清洁、干燥、消毒			9. 是□ 否□		
10. 生产现场是否有与本批次生产无关的遗留物			10. 是□ 否□		
备注：					
操作人			复核人		

3. 压片机的安装与调试生产

按照顺序安装好压片机的各部件，空机旋转无异常后，加入物料，调试片重，进行生产，收集产品及尾料、废料，计算物料平衡，并做好各项记录。

压片操作记录

产品名称		规格	g/片	批号		
颗粒重量		操作人		冲模规格		
调试记录	序号	片重	硬度	序号	片重	硬度
	1	g	N	6	g	N
	2	g	N	7	g	N
	3	g	N	8	g	N
	4	g	N	9	g	N
	5	g	N	10	g	N
正式生产记录	开始压片时间	:		结束压片时间	:	
	中间产品净重量	g	剩余尾料量	g	废料量	g
物料平衡	物料平衡计算：(中间产品净重量+废料量+颗粒余量)/领颗粒量 ×100% 计算：(________+________+________)/________ ×100% =________ 符合规定□　　不符合规定□ 计算人：________　　复核人：________					
备注：						
操作人		复核人				

4. 清场

按照顺序拆卸和清理压片机的各部件，对操作间进行清场，并做好清场记录。

压片工序清场记录

产品名称		规格	g/片	批号	
清场日期					
清场工序所执行的操作程序 1. 按清洁 SOP 清洁生产设备，清洁后符合清洁合格标准。 2. 按清洁 SOP 清洁生产现场，清洁后符合清场合格标准。 3. 按清洁 SOP 清洁工具，清洁后符合清洁工具管理标准。					
清场项目	清场要求			是否符合要求	
物料清除	剩余的原辅料、尾料、包装袋等应清理出生产场所			是□　否□	
废弃物	清离现场，放置规定位置			是□　否□	

续表

产品名称		规格	g/片	批号	
设备清洁检查	压片机内外	应无油污、无粉尘、无残留物			是□ 否□
	压片机台面	应干净、无粉尘			是□ 否□
	冲模	应干净、无粉尘、无油污			是□ 否□
	料斗	应干净、无粉尘			是□ 否□
	其他部件	应干净、无粉尘			是□ 否□
工艺文件		按规定收集处理			是□ 否□
工具		清洁，放置规定放置处			是□ 否□
容器清洁		按容器清洁规程操作，标志符合状态			是□ 否□
计算器具清洁		应干净、无粉尘			是□ 否□
生产现场清洁		按生产现场清洁规程操作，标志符合状态			是□ 否□
洁具清洁		清洁，放置规定放置处			是□ 否□
备注：					
操作人			复核人		

五、检验记录单

组与组之间交换产品，进行检验和记录。检测产品组别：____________

1. 外观性状

片剂表面应色泽均匀、光洁，无杂斑，无异物。

产品名称		规格	g/片	批号	
外观描述					
是否合格	合格□ 不合格□				
操作人			复核人		

2. 片重差异

参照《中国药典》（2020 年版）四部片剂项下检查，取供试品 20 片，精密称定每片片重，并求得平均片重。每片片重与平均片重比较，超出重量差异限度的药片不得多于 2 片，并不得有 1 片超出差异 1 倍。

片重差异检测记录单

产品名称		规格	批号	
电子天平型号、编号，是否完好：				
总重		平均装量		
W_1	W_2	W_3	W_4	W_5
W_6	W_7	W_8	W_9	W_{10}
W_{11}	W_{12}	W_{13}	W_{14}	W_{15}
W_{16}	W_{17}	W_{18}	W_{19}	W_{20}
限度	上限： 下限： 上限限度（一倍）： 下限限度（一倍）：			
结论				
检测人		复核人		

3. 硬度

取供试品 4 片，用硬度计检测每片硬度，要求每一片均在内控标准范围内。

产品名称		规格	g/片	批号	
硬度计型号、编号，是否完好：					
硬度检测记录 内控标准：____N-____N					
是否合格		合格□　不合格□			
检测人		复核人			

4. 脆碎度

取适量供试品，精密称取总重，放入脆碎度检测仪中，以 25r/min 的速度转动 4min，取出供试品，不得出现断裂、龟裂或粉碎现象，用吹风机吹去粉末后精密称重，脆碎度＜ 1% 为合格。

产品名称		规格	g/片	批号	
脆碎度仪型号、编号、是否完好：					
脆碎度检测记录 合格标准：＜ 1%		$W_{前}$＝ 脆碎度＝	$W_{后}$＝		
是否合格		合格□　不合格□			
检测人		复核人			

5. 崩解时限

取供试品6片，分别置于崩解仪吊篮的玻璃管中，加挡板，启动崩解仪进行检查，记录崩解时间，并根据药典标准判断是否合格。

产品名称		规格	g/片	批号	
崩解仪型号、编号，是否完好：					
崩解时限检测记录 合格标准：＜____min					
是否合格		合格□　不合格□			
检测人			复核人		

六、清场

规范完成清场并填写清场记录。

清场记录单

内容	流程	是否完成（√）
设备、容器具及环境清理	按清洁工艺规程清洁质检设备、容器及用具	
	清理室内环境卫生	
物料清理	将生产和检验所用物料放回指定区域	
	将生产和检验产品转至物料暂存间相应区域	
		清场人：________、________

七、任务评价

评价内容	评价标准	得分	扣分原因
任务接收及领料（10分）	能读懂工作任务单，正确领料（10分）		
过程操作（40分）	（1）能正确规范制备片剂（20分） （2）能正确规范进行质检操作及结果判断（20分）		
产品情况（20分）	（1）外观情况符合要求（4分） （2）片重差异符合要求（4分） （3）硬度符合要求（4分） （4）脆碎度符合要求（4分） （5）崩解时限符合要求（4分）		
清场情况（10分）	（1）设备与容器具清理（5分） （2）物料清理（5分）		
记录填写（10分）	记录填写正确、规范（10分）（每错误一处扣一分）		
职业核心能力（10分）	（1）着装符合要求（3分） （2）操作规范，未出现安全隐患（3分） （3）小组分工、合作、纪律情况（4分）		

项目三　硬胶囊剂的制备与质量检测

任务一　维生素C硬胶囊的制备

3-1　胶囊剂的制备

一、核心概念

胶囊剂系指原料药物或与适宜辅料填充于空心胶囊或密封于软质囊材中制成的固体制剂，主要供口服使用。目前国内外的胶囊剂产量、产值仅次于片剂和注射剂居第三位。胶囊剂分为硬胶囊与软胶囊。根据释放特性不同分为缓释胶囊、控释胶囊和肠溶胶囊等。

硬胶囊（通称为胶囊）系指采用适宜的制剂技术，将原料药物或加适宜辅料制成的均匀粉末、颗粒、小片、小丸、半固体或液体等，充填于空心胶囊中的胶囊剂。

二、学习目标

1. 能读懂工作任务单，描述硬胶囊剂的制备工艺流程和完成课前任务。
2. 能正确使用胶囊填充板完成胶囊填充。
3. 能够按照 SOP 操作流程，完成胶囊板的消毒。
4. 按照 SOP 完成装囊体和囊帽、装颗粒、压囊、出囊和胶囊清洁。

三、基本知识

1. 胶囊剂的制备工艺

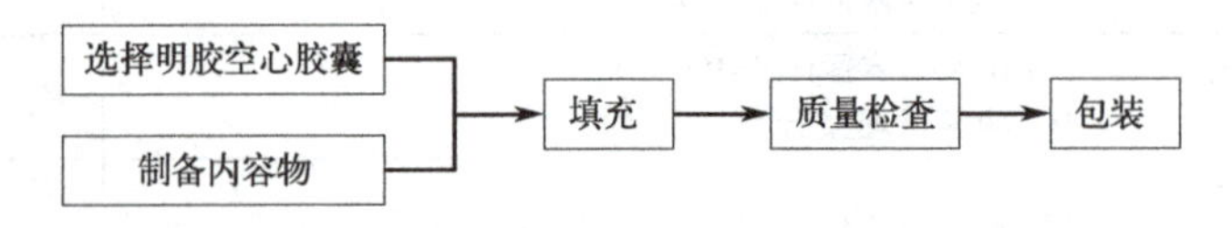

2. 空心胶囊的要求及附加剂

（1）空心胶囊的组成　空心胶囊的主要成分是明胶，为动物的皮和骨头经水解制得。为了提高空心胶囊的性能，往往添加各种各样的附加剂，常见的有增塑剂、着色剂、遮光剂、防腐剂和表面活性剂。

（2）空心胶囊的规格和质量要求　空心胶囊的规格共有8种，分别是000、00、0、1、2、3、4、5号。常用的为0～5号，号数由小到大，容积则由大到小。

空心胶囊呈圆筒状，由囊帽和囊体两节套合。囊体应光洁、色泽均匀、切口平整、无变形、无异臭。松紧度、脆碎度、崩解时限（10分钟内全部融化或崩解）应符合规定。贮存环境不宜超过37℃，相对湿度不超过50%，即应密闭，置阴凉干燥处保存。

3. 内容物制备

可以根据药物性质和临床需要制备成不同形式的内容物。

（1）粉末　若单纯药物粉末能满足填充要求，一般将药物粉末粉碎至适宜细度，并可加适宜辅料。粉末是最常见的胶囊内容物。

（2）颗粒　将一定量的药物加适宜的辅料制成颗粒，粒度一般小于40目。颗粒也是较常见的胶囊内容物。

（3）小丸　将药物制成普通小丸、速释小丸、缓释小丸、控释小丸或肠溶小丸单独填充或混合后填充。

（4）其他　制成包合物、固体分散体、微囊或微球等。

4. 胶囊填充常见的结构（图3-1～图3-3）

图3-1　填充板

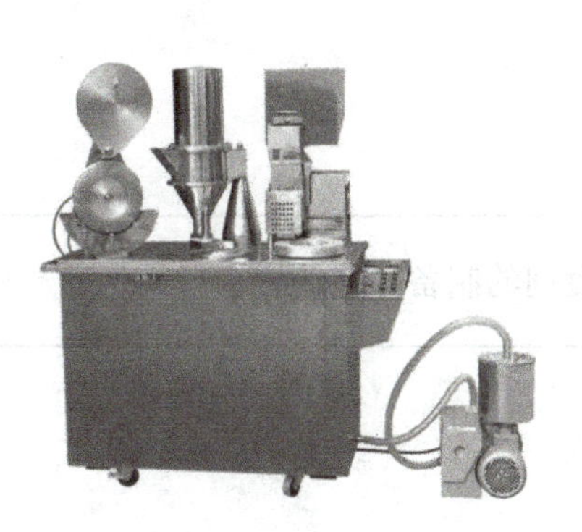

图3-2　半自动胶囊填充机

图3-3　全自动胶囊填充机

四、能力训练

工作任务单

组别＿＿＿＿＿＿姓名＿＿＿＿＿＿、＿＿＿＿＿＿

（一）问题情景

我院校企合作单位需要把少量的维生素C颗粒制成胶囊剂方便顾客使用，

特地委托我院完成该项胶囊剂生产任务。

生产指令单

指令编号：QGYXX-2025-3-5　　产品名称：维生素C颗粒胶囊

产品代码：WSSCKL-01　　规格：0.5g/粒

批号：20250318　　批量：200粒

生产部签发人：章三　　签发日期：2025年3月10日

批准人：许四　　批准日期：2025年3月12日

胶囊剂车间于2025年3月18日开始生产上述品种，于2025年3月19日结束。

（二）课前任务

1. 复习药物制剂技术课程相关知识，回顾胶囊剂的分类和特点。

胶囊剂的分类：
胶囊剂的特点：

2. 复习回顾硬胶囊剂的制备工艺流程。

硬胶囊剂的制备工艺流程为：

（三）原辅料投料量

名称	生产厂家	批号	单位	数量
维生素C颗粒	ABC有限公司	20220328	g	100
空心胶囊（$0^{\#}$）	EF药用辅料有限公司	20220220	粒	200

（四）物料的领取及生产配料领料单填写

品名		规格		批号	
批生产数量		计划生产周期		指令编号	
物料名称	物料批号	供应商名称	计划领料量	实际领料量	
备注：					
领料人		领料日期		发料人	

（五）生产 SOP 及批记录填写

1. 消毒

① 先消毒一个搪瓷盘。

② 囊体板、囊帽板、排列盘、中间板、刮粉板、药粉勺等需要逐一消毒（图 3-4）；并放置在已消毒的搪瓷盘中。

③ 消毒另一个搪瓷盘。

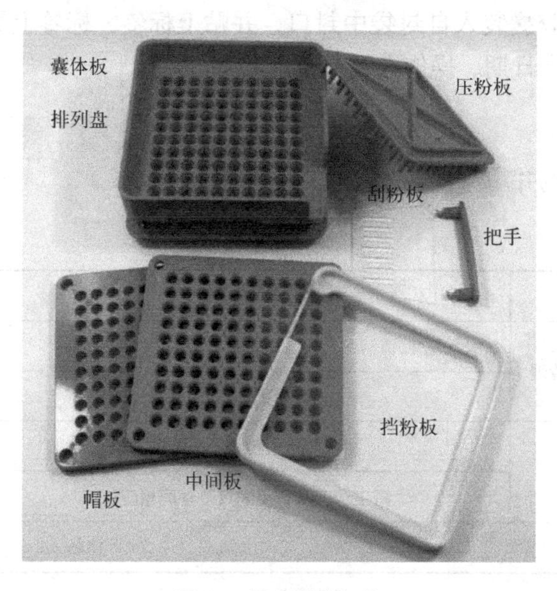

图3-4　填充板等备品

2. 装囊体和囊帽

① 排列盘内多余的囊体或囊帽一定要倒回到原来的塑料盆中，一定要仔细，不能倒错。

② 凡是反方向的囊体或囊帽均作为不合格品，需放在装废品的烧杯中，不

得放回到装囊体或囊帽塑料盆中。

③ 囊帽装好后要及时扣上中间板。

④补充囊体和囊帽或剔除废囊体和囊帽时，必须要用镊子，不得用手直接操作。

3. 装颗粒

囊体板放在搪瓷盘中，（用药粉勺取颗粒）颗粒分次装入，尽量不要撒落在外，并轻轻振摇，装满每一个囊体，并用刮粉板刮平。

4. 压囊

先对准囊体板、中间板、囊帽板，压囊时要用力均匀。

5. 出囊

中间板的方向要正确，出囊后的胶囊倒在药筛中筛去表面的粉尘，不得直接倒在纱布上。

6. 胶囊清洁

将已筛去表面药粉的胶囊用干净纱布清洁后，装入预先准备好的自封口袋中，封好，再摆放在规定位置。

7. 分剂量、包装

将每100粒胶囊装入自封袋中封口，并贴上标签，标签上需注明产品名称、规格、批号、生产日期、操作人及复核人名字。

（六）清场

规范完成清场并填写清场记录。

清场记录单

内容	流程	是否完成（√）
设备、容器具及环境清理	按清洁工艺规程清洁质检设备、容器及用具	
	清理室内环境卫生	
物料清理	将生产所用物料放回指定区域	
	将生产产品转至物料暂存间相应区域	
清场人：__________、__________		

（七）任务评价

评价内容	评价标准	得分	扣分原因
课前任务（10分）	（1）能读懂工作任务单，描述胶囊剂的制备方法、工艺流程（5分） （2）完成课前任务（5分）		

续表

评价内容	评价标准	得分	扣分原因
过程操作（50分）	（1）正确完成胶囊板的消毒（5分） （2）正确装囊体和囊帽（15分） （3）正确填充药粉（10分） （4）完成胶囊的压囊和出囊（10分） （5）完成胶囊抛光（10分）		
产品情况（10分）	胶囊没有破损，表面没有粉末（10分）		
清场情况（10分）	（1）设备与容器具清理（5分） （2）物料清理（5分）		
记录填写（10分）	记录填写完善、工整，无涂改（10分）（每涂改一处扣一分）		
职业核心能力（10分）	（1）着装是否符合要求（3分） （2）是否存在安全隐患（3分） （3）小组分工、合作、纪律情况（4分）		

任务二　维生素C硬胶囊的质量检测

一、学习目标

1. 能读懂工作任务单，描述胶囊剂的质检项目类型并完成课前任务。
2. 能对硬胶囊外观进行判断。
3. 能规范、正确使用电子天平，并按照 SOP 进行称量。
4. 能规范、正确使用崩解仪，并按 SOP 进行崩解时限检查。
5. 能按照规程清场。
6. 能小组合作，完成批记录填写，自我评价总结。

二、基本知识

胶囊剂的质量检查项目如下。

1. 外观

硬胶囊剂外观应整洁完整，不得有黏结、变形、渗漏或囊壳破裂现象，并无异臭。内容物应干燥、均匀、松紧适度。

2. 水分

中药硬胶囊剂水分不得超过 9.0%。

3. 装量差异

取供试品 20 粒（中药取 10 粒），分别精密称定重量，倾出内容物（不得损失囊壳），硬胶囊囊壳用小刷子拭净。再分别精密称定囊壳重量，求出每粒内容物的装量与平均装量。每粒的装量与平均装量相比较，应符合下表规定，超出装量差异限度的不得多余 2 粒，并不得有 1 粒超出限度的 1 倍。

平均装量或标示装量	重量差异限度
0.30g 以下	±10%
0.30g 及 0.30g 以上	±7.5%

4. 崩解时限

按《中国药典》（2020 年版）四部通则 0921 的规定，取胶囊 6 粒，置崩解仪吊篮的玻璃管中，启动崩解仪进行检查，硬胶囊剂应在 30 分钟内全部崩解。如有 1 粒不能完全崩解，应另取 6 粒复试，均应符合规定。

三、能力训练

工作任务单

组别＿＿＿＿＿ 姓名＿＿＿＿＿＿、＿＿＿＿＿＿

（一）问题情景

2023 年 5 月，我院校企合作单位需要把少量的维生素 C 颗粒制成胶囊剂方便顾客使用，特地委托我院帮忙，同时完成胶囊剂的质量检测。

质检指令单

指令编号：QGYXX-2025-3-6　　产品名称：维生素 C 颗粒胶囊

产品代码：WSSCKL-01　　规格：0.5g/ 粒

批号：20250323　　批量：200 粒

生产部签发人：章三　　签发日期：2025 年 3 月 20 日

批准人：许四　　批准日期：2025 年 3 月 21 日

胶囊剂车间于2025年3月23日开始生产上述品种，于2025年3月23日结束。

（二）课前任务

1. 复习药物分析课程相关知识，回顾药品检验操作基本程序。

药品检验操作基本程序：

2. 查阅《中国药典》(2020年版)，检索胶囊剂质量检测相关内容。

胶囊剂质量检测项目：

3. 查阅《中国药典》(2020年版)，检索胶囊剂崩解时限检查操作方案。

崩解时限检查操作方案：

(三)制剂领取及质检领料单填写

<table>
<tr><td>品名</td><td></td><td>规格</td><td></td><td>批号</td><td></td></tr>
<tr><td>批质检数量</td><td></td><td>计划质检周期</td><td></td><td>指令编号</td><td></td></tr>
<tr><td>物料名称</td><td>物料批号</td><td>供应商名称</td><td>计划领料量</td><td colspan="2">实际领料量</td></tr>
<tr><td></td><td></td><td></td><td></td><td></td><td></td></tr>
<tr><td></td><td></td><td></td><td></td><td></td><td></td></tr>
<tr><td></td><td></td><td></td><td></td><td></td><td></td></tr>
<tr><td colspan="6">备注：</td></tr>
<tr><td>领料人</td><td></td><td>领料日期</td><td></td><td>发料人</td><td></td></tr>
</table>

(四)质检SOP及检验记录填写

1. 外观性状

硬胶囊剂外观应整洁完整，不得有黏结、变形、渗漏或囊壳破裂现象，并无异臭。

<table>
<tr><td>产品名称</td><td></td><td>规格</td><td>g/粒</td><td>批号</td><td></td></tr>
<tr><td>外观描述</td><td colspan="5"></td></tr>
<tr><td>是否合格</td><td colspan="5">合格□ 不合格□</td></tr>
<tr><td>操作人</td><td></td><td>复核人</td><td colspan="3"></td></tr>
</table>

2. 装量差异

取供试品20粒（中药取10粒），分别精密称定重量，倾出内容物（不得损失囊壳），硬胶囊囊壳用小刷子拭净。再分别精密称定囊壳重量，求出每粒内容物的装量与平均装量，每粒的装量与平均装量相比较，应符合下表规定，超出装量差异限度的不得多余2粒，并不得有1粒超出限度的1倍。

产品名称			规格		批号	
编号	每粒重量	囊壳重量	内容物重量	平均装量	差异限度	上下限
1						
2						
3						
4						
5						
6						
7						
8						
9						
10						
11						
12						
13						
14						
15						
16						
17						
18						
19						
20						
结论						
检验人			复核人			

3. 崩解度

按《中国药典》（2020年版）四部通则0921的规定，取胶囊6粒，置崩解仪吊篮的玻璃管中，启动崩解仪进行检查，硬胶囊剂应在30分钟内全部崩解。如有1粒不能完全崩解，应另取6粒复试，均应符合规定。

产品名称		规格	g/粒	批号	
崩解仪型号、编号，是否完好：					
崩解时限检测记录 合格标准：＜____min					
是否合格		合格□　不合格□			
检测人			复核人		

（五）清场

规范完成清场并填写清场记录。

清场记录单

内容	流程	是否完成（√）
设备、容器具及环境清理	按清洁工艺规程清洁质检设备、容器及用具	
	清理室内环境卫生	
物料清理	将检验所用物料放回指定区域	
	将检验产品转至物料暂存间相应区域	
		清场人：__________、__________

（六）任务评价

评价内容	评价标准	得分	扣分原因
课前任务 （10分）	（1）能读懂工作任务单，描述胶囊剂的质检项目类型（5分） （2）出色完成课前任务（5分）		
过程操作 （40分）	（1）能对胶囊剂外观进行判断（10分） （2）能规范、正确使用电子天平，并按照SOP进行称量（15分） （3）能规范、正确使用崩解仪，并按SOP进行崩解时限检查（15分）		
产品情况 （20分）	（1）外观完整光滑，无破损（5分） （2）重量差异符合要求（符合要求10分，不符合要求不得分） （3）崩解时限符合要求（符合要求5分，不符合要求不得分）		
清场情况 （10分）	（1）设备与容器具清理（5分） （2）物料清理（5分）		
记录填写 （10分）	记录填写完善、工整，无涂改（10分）（每涂改一处扣一分）		
职业核心能力 （10分）	（1）着装是否符合要求（3分） （2）是否存在安全隐患（3分） （3）小组分工、合作、纪律情况（4分）		

综合考核：阿莫西林硬胶囊的制备与质量检测

工作任务单

组别 ________ 姓名 ________、________

一、问题情景

我院校企合作单位需要生产一批阿莫西林硬胶囊剂，特地委托我院帮忙。

生产指令单

指令编号：QGYXX-2025-3-7　　产品名称：阿莫西林硬胶囊
产品代码：WSSCKL-01　　规格：0.5g/ 粒
批号：20250328　　批量：200 粒
生产部签发人：章三　　签发日期：2025 年 3 月 20 日
批准人：许四　　批准日期：2025 年 3 月 21 日
胶囊剂车间于2025年3月28日开始生产上述品种，于2025年3月29日结束。

二、原辅料投料量

名称	生产厂家	批号	单位	数量
阿莫西林颗粒	ABC 有限公司	20250315	g	100
空心胶囊（0#）	EF 药用辅料有限公司	20250220	粒	200

三、物料的领取及生产配料领料单填写

品名		规格		批号	
批生产数量		计划生产周期		指令编号	
物料名称	物料批号	供应商名称	计划领料量	实际领料量	
备注：					
领料人		领料日期		发料人	

四、生产SOP及批记录填写

1. 消毒
2. 装囊体和囊帽

3. 装颗粒

4. 压囊

5. 出囊

6. 胶囊清洁

7. 分剂量、包装

将每100粒胶囊装入自封袋中封口，并贴上标签，标签上需注明产品名称、规格、批号、生产日期、操作人及复核人名字。

五、清场

规范完成清场并填写清场记录。

清场记录单

内容	流程	是否完成(√)
设备、容器具及环境清理	按清洁工艺规程清洁质检设备、容器及用具	
	清理室内环境卫生	
物料清理	将生产所用物料放回指定区域	
	将生产产品转至物料暂存间相应区域	
清场人：________、________		

六、检验记录单

组与组之间交换产品，进行检验和记录。检测产品组别：________

1. 外观性状

硬胶囊剂外观应整洁完整，不得有黏结、变形、渗漏或囊壳破裂现象，并无异臭。

产品名称		规格	g/粒	批号	
外观描述					
是否合格	合格□　不合格□				
操作人		复核人			

2. 装量差异

取供试品20粒，分别精密称定重量后，倾出内容物（不得损失囊壳），用小刷子拭净。再分别精密称定囊壳重量，求出内容物的装量与平均装量，每粒的装量与平均装量相比较，应符合下表规定，超出装量差异限度的不得多余2粒，并不得有1粒超出限度的1倍。

产品名称			规格		批号	
编号	每粒重量	囊壳重量	内容物重量	平均装量	差异限度	上下限
1						
2						
3						
4						
5						
6						
7						
8						
9						
10						
11						
12						
13						
14						
15						
16						
17						
18						
19						
20						
结论						
检验人				复核人		

3. 崩解度

按《中国药典》（2020年版）四部通则0921的规定，取胶囊6粒，置崩解仪吊篮的玻璃管中，启动崩解仪进行检查，硬胶囊剂应在30分钟内全部崩解。如有1粒不能完全崩解，应另取6粒复试，均应符合规定。

产品名称		规格	g/粒	批号	
崩解仪型号、编号，是否完好：					
崩解时限检测记录 合格标准：＜____min					
是否合格	合格□　不合格□				
检测人			复核人		

七、清场

规范完成清场并填写清场记录。

清场记录单

内容	流程	是否完成(√)
设备、容器具及环境清理	按清洁工艺规程清洁质检设备、容器及用具	
	清理室内环境卫生	
物料清理	将检验所用物料放回指定区域	
	将检验产品转至物料暂存间相应区域	
清场人:__________、__________		

八、任务评价

评价内容	评价标准	得分	扣分原因
课前任务 (10分)	(1)能读懂工作任务单,描述胶囊剂的质检项目类型(5分) (2)出色完成课前任务(5分)		
过程操作 (40分)	(1)能对胶囊剂外观进行判断(10分) (2)能规范、正确使用电子天平,并按照SOP进行称量(15分) (3)能规范、正确使用崩解仪,并按SOP进行崩解时限检查(15分)		
产品情况 (20分)	(1)外观完整光滑,无破损(5分) (2)重量差异符合要求 (符合要求10分,不符合要求不得分) (3)崩解时限符合要求 (符合要求5分,不符合要求不得分)		
清场情况 (10分)	(1)设备与容器具清理(5分) (2)物料清理(5分)		
记录填写 (10分)	记录填写完善、工整,无涂改(10分)(每涂改一处扣一分)		
职业核心能力 (10分)	(1)着装是否符合要求(3分) (2)是否存在安全隐患(3分) (3)小组分工、合作、纪律情况(4分)		

项目四　软膏剂的制备

任务　护手霜的制备

4-1　软膏剂的制备

一、核心概念

软膏剂系指药物与油脂性或水溶性基质混合制成的均匀的半固体外用制剂。根据药物在基质中的分散状态不同，软膏剂可以分为溶液型软膏剂和混悬型软膏剂。药物溶解或分散于乳状液型基质中形成的均匀的半固体外用制剂称为乳膏剂。乳膏剂由于基质不同，可分为水包油型乳膏剂和油包水型乳膏剂。

二、学习目标

1. 能读懂工作任务单，描述护手霜的制备工艺流程和完成课前任务。
2. 能够按照 SOP 操作流程，完成护手霜的制备。

三、基本知识

1. 软膏剂的基质

基质不仅是软膏的赋形剂与载体，同时对软膏剂的质量与疗效均有重要影响。理想的基质应该是：①无刺激性和致敏性，无生理活性，不妨碍皮肤正常生理功能；②性质稳定，与主药和附加剂不发生配伍变化，长期贮存不变质；③稠度适宜，润滑，易于涂布；④具有吸水性，能吸收伤口分泌物；⑤易洗除，不污染衣服；⑥具有良好的释药性能。软膏剂的基质可分为油脂性基质及水溶性基质。

2. 软膏剂的制备方法

油脂型或混悬型软膏主要采用研磨法和熔融法。

（1）研磨法　基质为油脂性的半固体时，可直接采用研磨法。一般在常温下将药物与基质等量递加混合均匀。此法适用于小量制备，常放在研钵中研制。

（2）熔融法　大量制备油脂性基质时，常用熔融法，特别适用于含固体成分的基质。先加温熔化高熔点基质后，再加入其他低熔点成分熔合成均匀基质，然后加入药物，搅拌均匀，冷却即可。此法常用的设备是电动搅拌机。

（3）乳化法　将处方中的油脂性和油溶性组分一起加热至80℃左右成油溶液（油相），另将水溶性组分溶于水后一起加热至80℃成水溶液（水相），或使温度略高于油相温度，油水两相混合，不断搅拌，直至乳化完全并冷凝。此法常用的设备是真空乳化搅拌机。

四、能力训练

工作任务单

组别 ________ 姓名 __________、__________

（一）问题情景

2023年5月，我院校企合作单位委托我院代为生产100只护手霜。

生产指令单

指令编号：QGYXX-2025-4-1　　产品名称：凡士林软膏剂

产品代码：WSSCKL-01　　规格：50g/支

批号：20250401　　批量：100支

生产部签发人：张三　　签发日期：2025年3月21日

批准人：李四　　批准日期：2025年3月23日

半固体制剂车间于2025年4月1日开始生产上述品种，于2025年4月3日结束。

（二）课前任务

1. 查找资料，学习常见护手霜的处方组成及功效。

护手霜的常见处方组成为：
护手霜的功效是：

2. 复习药物制剂技术课程相关知识，回顾软膏剂的制备方法和工艺流程。

软膏剂的制备方法和对应工艺流程为：

（三）原辅料投料量

名称	生产厂家	批号	单位	数量
硬脂酸	ABC 药业有限公司	20220328	g	100
氢氧化钾	EF 药用辅料有限公司	20220123	g	100
十八醇	EF 药用辅料有限公司	20220220	g	90
丙三醇	EF 药用辅料有限公司	20220111	mL	10
植物精油	EF 药用辅料有限公司	20220212	mL	10
芳香剂	EF 药用辅料有限公司	20220317	mL	1

（四）物料的领取及生产配料领料单填写

品名		规格		批号	
批生产数量		计划生产周期		指令编号	
物料名称	物料批号	供应商名称	计划领料量	实际领料量	
备注：					
领料人		领料日期		发料人	

（五）生产 SOP 及批记录填写

1. 制备

① 称取硬脂酸 10.0g，置 80℃水浴搅拌至熔融。

现象描述：______________________________

② 称十八醇 2.5g，加入液态的硬脂酸中搅拌溶解成为油相，注意不要拿出水浴锅。

现象描述：______________________________

③ 称 KOH 1.0g，置 10mL 水中溶解。

现象描述：______________________________

④ 量取甘油 10mL 放入 80℃水浴加热稀化，再加入 60mL 纯化水及配制好的 10mL KOH 水溶液，混合均匀成为水相。

现象描述：______________________________

⑤ 将水相缓慢倒入油相中，边加边搅拌，直至无泡沫，注意倾倒和搅拌均不宜太快。

现象描述：______________________________

⑥ 加入数滴植物精油作为芳香剂。

精油的选择和加入量：______________________________

⑦ 从水浴中取出，搅拌至冷却即得。

产品描述：______________________________

2. 分剂量、包装

把制备的软膏装入自封袋中封口，并贴上标签，标签上需注明产品名称、规格、批号、生产日期、操作人及复核人名字。

（六）清场

规范完成清场并填写清场记录。

清场记录单

内容	流程	是否完成（√）
设备、容器具及环境清理	按清洁工艺规程清洁质检设备、容器及用具	
	清理室内环境卫生	
物料清理	将生产所用物料放回指定区域	
	将生产产品转至物料暂存间相应区域	
清场人：__________、__________		

（七）任务评价

评价内容	评价标准	得分	扣分原因
课前任务 （10分）	（1）能读懂工作任务单，描述护手霜的制备方法、工艺流程（5分） （2）完成课前任务（5分）		
过程操作 （50分）	（1）能正确按照SOP对水相和油相进行预处理（10分） （2）能安全、正确使用水浴锅（10分） （3）按SOP完成护手霜制备（20分） （4）能对产品进行包装（10分）		
产品情况 （10分）	护手霜细腻没有颗粒状 （暗黄色扣5分，总分10分）		
清场情况 （10分）	（1）设备与容器具清理（5分） （2）物料清理（5分）		
记录填写 （10分）	记录填写完善、工整，无涂改（10分）（每涂改一处扣一分）		
职业核心能力 （10分）	（1）着装是否符合要求（3分） （2）是否存在安全隐患（3分） （3）小组分工、合作、纪律情况（4分）		

项目五　栓剂的制备与质量检测

任务一　甘油栓的制备

5-1　栓剂的制备

一、核心概念

1. 栓剂

栓剂是指药物与适宜基质等制成供腔道给药的固体制剂。栓剂因施用的腔道的不同，分为直肠栓、阴道栓和尿道栓。

2. 栓剂的基质

（1）油脂性基质：①可可豆脂；②半合成或全合成脂肪酸甘油酯。

（2）水溶性与亲水性基质：①甘油明胶；②聚乙二醇类。

（3）栓剂的附加剂：包括吸收促进剂、吸收阻滞剂、增塑剂、抗氧剂和润滑剂等。

二、学习目标

1. 能读懂工作任务单，描述甘油栓的制备方法、工艺流程；完成课前任务。
2. 能正确使用筛子，并按照 SOP 对固体物料预处理。
3. 能安全、正确使用水浴锅，并按照 SOP 融化基质。
4. 按 SOP 进行注模、削平、脱模、取栓操作。
5. 能对产品进行包装、按照规程清场。
6. 能小组合作，完成批记录填写，自我评价总结。

三、基本知识

1. 栓模类型

直肠栓为鱼雷形、圆锥形或圆柱形等；阴道栓为鸭嘴形、球形或卵形等；尿道栓一般为棒状。本次任务采用子弹头栓模（图 5-1）和鸭嘴形栓模（图 5-2）。

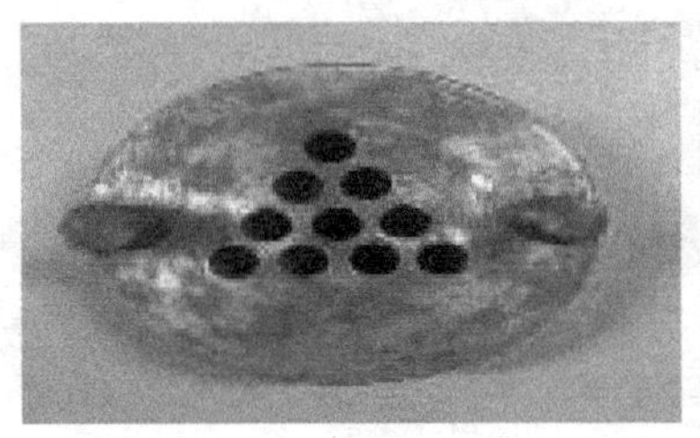

图5-1　子弹头栓模

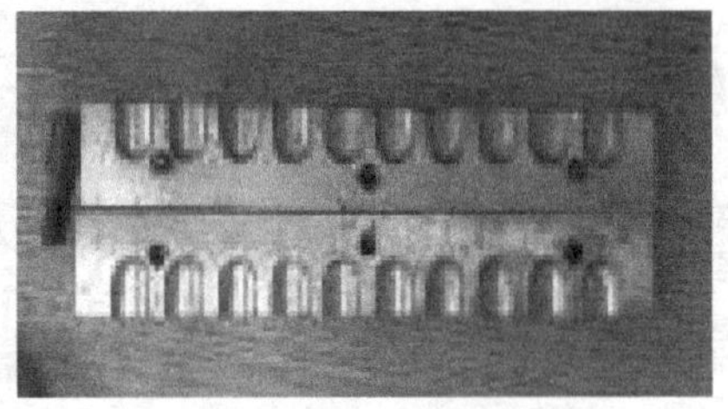

图5-2　鸭嘴形栓模

2. 制备方法

栓剂的制备方法有冷压法和热熔法，可以根据基质种类及制备要求选择制法。

（1）冷压法　将药物与基质的粉末置于冷却的容器内混合均匀，然后装入压栓机内压制而成。

（2）热熔法　将基质用水浴或蒸汽浴加热熔化（温度不宜过高），然后加入药物混合均匀，倾入涂有润滑剂的栓模中冷却，待完全凝固后，削去溢出部分，开模取出，包装即得。热熔法是应用较广泛的制栓方法，本次任务采用此法，其工艺流程如下。

熔化基质 → 加入药物 → 注入模具 → 凝结成栓 → 削平 → 脱模取栓 → 质检 → 包装

3. 甘油栓的外观、用途及制备要点

（1）本品为无色或几乎无色的透明或半透明栓剂（图 5-3 和图 5-4）。

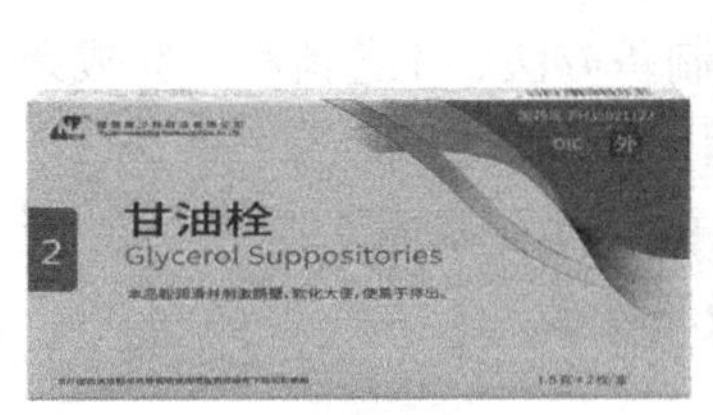

图5-3　甘油栓（1）

图5-4　甘油栓（2）

（2）本品以硬脂酸钠为基质，另加甘油混合，使之硬化呈凝胶状。由于硬脂酸钠的刺激性与甘油较高的渗透压，能增加肠的蠕动而呈现通便之效。甘油栓属于润滑性泻药，用于便秘；直肠给药，一次一粒。

（3）本品制备时栓模可涂液体石蜡作为润滑剂。

（4）加热时间不宜太长，有 2/3 量的基质熔融时即可停止。加热温度不宜过高，以免变黄或产生泡沫。

四、能力训练

工作任务单

组别 __________ 姓名 __________、__________

（一）问题情景

2025 年 4 月，我院校企合作单位反映店内销售的甘油栓即将临期，其委托我校小批量生产并帮助进行质检。

生产指令单

指令编号：CGXYU-2025-4-2　　产品名称：甘油栓

产品代码：WDSNIL-01　　规格：3g/ 粒

批号：20250407　　批量：50 粒

生产部签发人：小王　　签发日期：2025 年 4 月 1 日

批准人：小李　　批准日期：2025 年 4 月 3 日

栓剂车间于 2025 年 4 月 7 日开始生产上述品种，于 2025 年 4 月 9 日结束。

（二）课前任务

1. 查找资料，学习甘油栓的处方组成及功效。

甘油栓的常见处方组成为：
甘油栓的功效是：

2. 栓剂制备方法有哪些？写出热熔法制备栓剂的工艺流程。

栓剂制备方法： 栓剂热熔法的制备工艺流程为：

3. 思考栓剂操作要点，并预先考虑实验注意事项。

（三）原辅料投料量

名称	生产厂家	批号	单位	数量
甘油	ABC药用辅料有限公司	20240401	g	130
干燥碳酸钠	EF药业有限公司	20240427	g	5
硬脂酸	EF制药有限公司	20240421	g	20
纯化水	学院实训中心	当日	g	20

（四）物料的领取及生产配料领料单填写

品名		规格		批号	
批生产数量		计划生产周期		指令编号	
物料名称	物料批号	供应商名称	计划领料量	实际领料量	
备注：					
领料人		领料日期		发料人	

（五）生产 SOP 及批记录填写

1. 固体物料预处理

① 将领取的干燥碳酸钠、硬脂酸分别使用 6 号筛（100 目）做过筛处理，过筛后称重记录。

② 将筛分后的物料分别置于托盘中，备用。

序号	物料名称	物料批号	处理筛目	领取重量 /g	处理后重量 /g
操作人		操作日期		复核人	

2. 融化基质

干燥碳酸钠溶于水，加甘油（图 5-5）混合置沸水浴上加热。缓缓加干燥的硬脂酸细粉，随加随搅（图 5-6），使之溶解，继续保温在 85 ～ 95℃，直至溶液澄明。

图5-5　加甘油步骤

图5-6　加硬脂酸细粉步骤

水浴设备名称		设备编号	
设定水浴温度		稳定后温度	
开始升温时间		升温结束时间	
操作人		复核人	

操作注意事项：

制备甘油栓时，水浴要保持沸腾，硬脂酸细粉应少量分次加入，与碳酸钠充分反应，直至暴沸停止、溶液澄明、皂化反应完全，才能停止加热；皂化反应生成二氧化碳，制备时除尽气泡后再注模，否则栓内含有气泡影响剂量和美观。

3. 注入模具

倾入涂了润滑剂的栓模中（稍微溢出模口）。润滑剂配比：软肥皂和甘油各1份，95% 乙醇 5 份，混合得肥皂醑。

操作注意事项：注模前应将栓模加热至 80℃左右，注模时动作要快，注模后应缓慢冷却，如冷却过快，成品的硬度、弹性、透明度均受影响。

4. 削平脱模

将药液注入模具后于室温或冰箱中放置冷却，待完全凝固后，削去溢出部分（图 5-7 和图 5-8），刮刀需要先浸在热水中温热，有利于栓剂表面光滑。

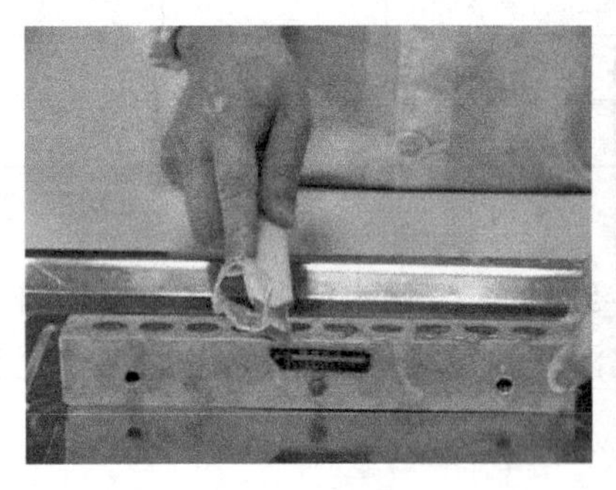

图5-7　削平脱模步骤（1）

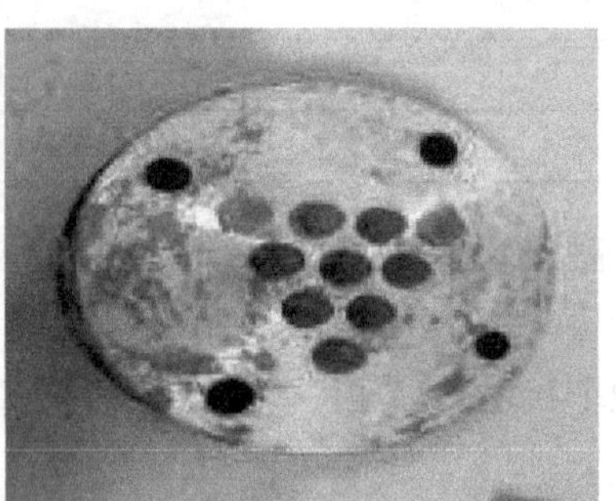

图5-8　削平脱模步骤（2）

5. 脱模取栓

栓剂硬化后，若置于冰箱，可待其温度回升至室温，然后打开模具，取出栓剂（图 5-9 和图 5-10）。

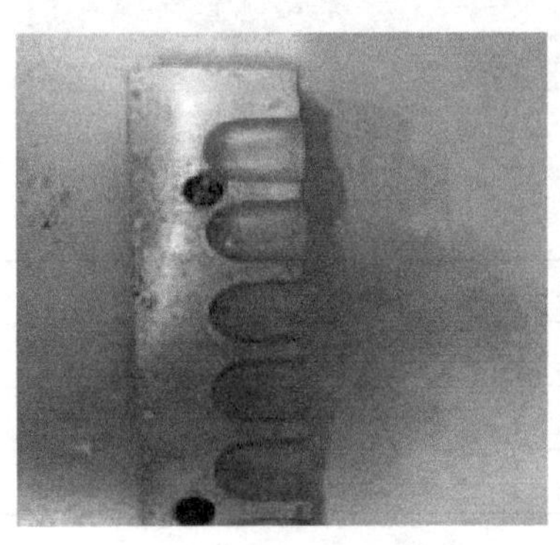

图5-9　模具内栓剂

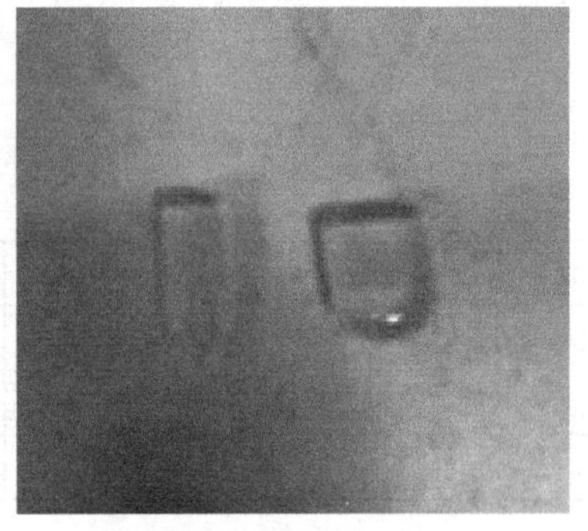

图5-10　栓剂未包装品

6. 包装

用塑料对每个栓剂进行单独包裹，不得外露，栓剂之间要留有间隔，不得互相接触，最后再装入自封袋封口，30℃以下密封贮存。贴上标签，注明产品名称、规格、批号、生产日期、操作人及复核人名字。

（六）清场

规范完成清场并填写清场记录。

清场记录单

内容	流程	是否完成（√）
设备、容器具及环境清理	按清洁工艺规程清洁质检设备、容器及用具	
	清理室内环境卫生	
物料清理	将生产所用物料放回指定区域	
	将生产产品转至物料暂存间相应区域	
清场人：________、________		

（七）任务评价

评价内容	评价标准	得分	扣分原因
课前任务（10分）	（1）能读懂工作任务单，描述甘油栓的制备方法、工艺流程（5分） （2）完成课前任务（5分）		
过程操作（40分）	（1）能正确使用筛子，并按照SOP对固体物料预处理（10分） （2）能安全、正确使用水浴锅，按照SOP融化基质（10分） （3）按SOP进行注模、削平、脱模、取栓操作（15分） （4）能对产品进行包装（5分）		
产品情况（20分）	（1）栓剂脱模无破损，完整光滑（10分） （2）产品为白色透明或半透明固体（暗黄色扣5分，总分10分）		
清场情况（10分）	（1）设备与容器具清理（5分） （2）物料清理（5分）		
记录填写（10分）	记录填写完善、工整，无涂改（10分）（每涂改一处扣一分）		
职业核心能力（10分）	（1）着装是否符合要求（3分） （2）是否存在安全隐患（3分） （3）小组分工、合作、纪律情况（4分）		

任务二　甘油栓的质量检测

一、学习目标

1. 能读懂工作任务单，描述甘油栓的质检项目类型；出色完成课前任务。

2. 能对甘油栓外观进行判断。

3. 能规范、正确使用电子天平，并按照 SOP 进行称量。

4. 能规范、正确使用崩解仪，并按 SOP 进行融变时限检查。

5. 能按照规程清场。

6. 能小组合作，完成批记录填写，自我评价总结。

二、基本知识

栓剂的质检项目如下。

1. 外观

栓剂的外形要完整光滑；塞入腔道后应该无刺激性，应能融化、软化或溶化，并与分泌液混合，逐渐释放药物，产生局部或全身作用。

栓剂应根据最新版本《中国药典》（2020 年版）四部通则进行检查。

2. 重量差异

取栓剂 10 粒，精密称定总重量，求得平均粒重后，再分别精密称定各粒的重量。每粒重量与平均重量相比较按照下表中的规定，超出重量差异限度的不得多于 1 粒，并不得超出限度的 1 倍。

平均粒重	重量差异限度
1.0g 以下或 1.0g	±10%
1.0g 以上或 3.0g	±7.5%
3.0g 以上	±5%

3. 融变时限

取栓剂 3 粒，在室温放置 1 小时后，照融变时限检查法（通则 0922）检查。除另有规定外，脂肪性基质的栓剂应在 30 分钟内全部融化、软化或触压时无硬心；水溶性基质的栓剂应在 60 分钟内全部溶解。如有 1 粒不符合规定，应另取 3 粒复试，均符合规定。

4. 微生物限度

照微生物限度检查法（通则 1105）检查，应符合规定。

三、能力训练

工作任务单

组别 __________ 姓名 __________、__________

（一）问题情境

我院校企合作单位反映店内销售的甘油栓即将临期，委托我校小批量生产并帮助进行质检。

质检指令单

指令编号：CGXYU-2025-4-3　　产品名称：甘油栓

产品代码：WDSNIL-01　　规格：3g/粒

批号：20250411　　批量：100粒

生产部签发人：小王　　签发日期：2025年4月4日

批准人：小李　　批准日期：2025年4月6日

检剂车间于2025年4月11日开始检测上述品种，于2025年4月13日结束。

（二）课前任务

1. 复习药物分析课程相关知识，回顾药品检验操作基本程序。

药品检验操作基本程序：

2. 查阅《中国药典》（2020年版），检索栓剂质量检测相关内容。

栓剂质量检测项目：

3. 查阅《中国药典》（2020年版），检索栓剂质量检测项目融变时限检查操作方案。

融变时限检查操作方案： 微生物限度检查操作方案：

（三）制剂领取及质检领料单填写

品名		规格		批号	
批质检数量		计划质检周期		指令编号	
物料名称	物料批号	供应商名称	计划领料量	实际领料量	
备注：					
领料人		领料日期		发料人	

（四）质检 SOP 及检验记录填写

1. 外观

取供试品 10 粒，检测其外观。要求：完整光滑，塞入腔道后应无刺激性，能融化、软化或溶化。

检验结果：____________________

结论：____________________

2. 重量差异

取供试品 10 粒，分别称定每粒重量，求出平均重量，再与每份标示重量比较，判断其重量差异限度是否合格。

注：超过重量差异限度的不得多于 1 粒，并不得有 1 份超出限度的 1 倍。

编号	1	2	3	4	5	6	7	8	9	10
每粒重量/g										
平均重量/g										
重量差异限度										
重量范围/g										
重量是否合格										
备注										
操作人				操作日期			复核人			

3. 融变时限

取供试品甘油栓 3 粒，在室温放置 1 小时后，照融变时限检查法（通则 0922）检查，除另有规定外，脂肪性基质的栓剂应在 30 分钟内全部融化、软化或者触压时无硬心；水溶性基质的栓剂应在 60 分钟内全部溶解，如果有 1 粒不符合规定，应另取 3 粒复试，均应符合规定。

检验结果：____________________

结论：____________________

（五）清场

规范完成清场并填写清场记录。

清场记录单

内容	流程	是否完成（√）
设备、容器具及环境清理	按清洁工艺规程清洁质检设备、容器及用具	
	清理室内环境卫生	
物料清理	将检验所用物料放回指定区域	
	将检验产品转至物料暂存间相应区域	
清场人：__________、__________		

（六）任务评价

评价内容	评价标准	得分	扣分原因
课前任务（10 分）	（1）能读懂工作任务单，描述甘油栓的质检项目类型（5 分） （2）出色完成课前任务（5 分）		
过程操作（30 分）	（1）能对甘油栓外观进行判断 （2）能规范、正确使用电子天平，并按照 SOP 进行称量（15 分） （3）能规范、正确使用崩解仪，并按 SOP 进行融变时限检查（15 分）		
产品情况（30 分）	（1）外观完整光滑，无破损（10 分） （2）重量差异符合要求（符合要求 10 分，不符合要求不得分） （3）融变时限符合要求（符合要求 10 分，不符合要求不得分）		
清场情况（10 分）	（1）设备与容器具清理（5 分） （2）物料清理（5 分）		
记录填写（10 分）	记录填写完善、工整，无涂改（10 分）（每涂改一处扣一分）		
职业核心能力（10 分）	（1）着装是否符合要求（3 分） （2）是否存在安全隐患（3 分） （3）小组分工、合作、纪律情况（4 分）		

附　药品检验报告书

编号：KH/ZA002-1

栓剂检验报告单

产品名称		规格	
批号		数量	
请检部门		请检日期	
有效期至		报告日期	
检验依据			
检验项目 【外观】 【重量差异】 【融变时限】	标准规定		检验结果
检验结论			
检验人： 日期：	复核人： 日期：	审核人： 日期：	

综合考核：阿司匹林栓剂的制备与质量检测

一、学习目标

1. 能读懂工作任务单，描述阿司匹林栓剂的制备方法和质检项目类型。
2. 能正确使用筛子，并按照SOP对固体物料预处理。
3. 能安全、正确使用水浴锅，并按照SOP融化基质。

4. 按 SOP 进行注模、削平、脱模、取栓操作。
5. 能对阿司匹林栓剂外观进行判断。
6. 能规范、正确使用电子天平，并按照 SOP 进行称量。
7. 能规范、正确使用崩解仪，并按 SOP 进行融变时限检查。
8. 能按照规程清场。
9. 能小组合作，完成批记录填写，自我评价总结。

二、基本知识

1. 栓剂的基本概念、制备方法和质检项目详见本项目任务一和任务二。

2. 阿司匹林栓适应证：用于普通感冒或流行性感冒引起的发热，也用于缓解轻至中度疼痛，如头痛、关节痛、偏头痛、牙痛、肌肉痛、神经痛、痛经。

三、能力训练

工作任务单

组别 __________ 姓名 __________、__________

（一）问题情境

我院合作定点医院委托我校联合生产一批阿司匹林栓剂，用于 12 岁以上儿童及成人的发热和疼痛治疗，接收以上委托，我院药学系开始采买药用辅料及设备开始生产阿司匹林栓剂。

生产及质检指令单

指令编号：CGXYU-2025-4-4　　产品名称：阿司匹林栓
产品代码：WDSNIL-01　　规格：3g/ 粒
批号：20250416　　批量：50 粒
生产部签发人：小王　　签发日期：2025 年 4 月 10 日
批准人：小李　　批准日期：2025 年 4 月 12 日

栓剂车间于 2025 年 4 月 16 日开始生产并质检上述品种，于 2025 年 4 月 18 日结束。

（二）原辅料投料量

名称	生产厂家	批号	单位	数量
阿司匹林粉末	ABC 药用辅料有限公司	20240401	g	15
半合成脂肪酸酯	EF 用辅料有限公司	20240427	g	30

（三）物料的领取及生产质检配料领料单填写

品名		规格		批号	
批生产数量		计划生产周期		指令编号	
物料名称	物料批号	供应商名称	计划领料量	实际领料量	
备注：					
领料人		领料日期		发料人	

（四）生产 SOP 及批记录填写

1. 固体物料预处理

① 将领取的阿司匹林、半合成脂肪酸酯分别使用 6 号筛（100 目）做过筛处理，过筛后称重记录。

② 将筛分后的物料分别置于托盘中，备用。

序号	物料名称	物料批号	处理筛目	领取重量 /g	处理后重量 /g
操作人		操作日期		复核人	

2. 融化基质

（1）称取半合成脂肪酸酯 30g 置适宜的容器中，于水浴上加热，待 2/3 的基质融化时停止加热，搅拌使全熔。

（2）称取研细的阿司匹林粉末 15g，分次加入融化的基质中，不断搅拌使药物均匀分散。

水浴设备名称		设备编号	
设定水浴温度		稳定后温度	
开始升温时间		升温结束时间	
操作人		复核人	

3. 注入模具

迅速冷却，待以上混合物呈现黏稠状态时，灌入已涂有润滑剂（肥皂醑）的模型内。肥皂醑：软肥皂（硬脂酸钾）、甘油各 1 份和 95% 乙醇 5 份混合所得。

操作注意事项：

注模前应将栓模加热至 80℃左右，注模时动作要快，注模后应缓慢冷却，如冷却过快，成品的硬度、弹性、透明度均受影响。

4. 削平脱模

将药液注入模具后于室温或冰箱中放置冷却，待完全凝固后，削去溢出部分，刮刀需要先浸在热水中温热，有利于栓剂表面光滑。

5. 脱模取栓

栓剂硬化后，若置于冰箱，可待其温度回升至室温，再打开模具，取出栓剂。

6. 包装

用塑料对每个栓剂进行单独包裹，不得外露，栓剂之间要留有间隔，不得互相接触，最后再装入自封袋封口，30℃以下密封贮存。贴上标签，注明产品名称、规格、批号、生产日期、操作人及复核人名字。

（五）质检 SOP 及记录填写

栓剂的质量检测

1. 外观

取供试品 10 粒，检测其外观。要求：完整光滑，塞入腔道后应无刺激性，能融化、软化或溶化。

检验结果：____________________

结论：____________________

2. 重量差异

取供试品 10 粒，分别称定每粒重量，求出平均重量，再与每份标示重量比较，判断其重量差异限度是否合格。

注：超过重量差异限度的不得多于 1 粒，并不得有 1 份超出限度的 1 倍。

编号	1	2	3	4	5	6	7	8	9	10
每粒重量/g										
平均重量/g										
重量差异限度										
重量范围/g										
重量是否合格										
备注										
操作人			操作日期			复核人				

3. 融变时限

取供试品阿司匹林栓3粒，在室温放置1小时后，照融变时限检查法（通则0922）检查，除另有规定外，脂肪性基质的栓剂应在30分钟内全部融化、软化或者触压时无硬心；水溶性基质的栓剂应在60分钟内全部溶解，如果有1粒不符合规定，应另取3粒复试，均应符合规定。

检验结果：____________________

结论：____________________

（六）清场

规范完成清场并填写清场记录。

清场记录单

内容	流程	是否完成（√）
设备、容器具及环境清理	按清洁工艺规程清洁质检设备、容器及用具	
	清理室内环境卫生	
物料清理	将生产和检验所用物料放回指定区域	
	将生产和检验产品转至物料暂存间相应区域	
清场人：________、________		

（七）任务评价

评价内容	评价标准	得分	扣分原因
接收信息及领料（10分）	能读懂工作任务单，正确领料（10分）		
过程操作（40分）	（1）能正确使用筛子，并按照SOP对固体物料预处理（5分） （2）能安全、正确使用水浴锅，并按照SOP融化基质（5分） （3）按SOP进行注模、削平、脱模、取栓操作（10分） （4）能规范、正确使用电子天平，并按照SOP进行称量（10分） （5）能规范、正确使用崩解仪，并按SOP进行融变时限检查（10分）		
产品情况（20分）	（1）外观完整光滑，无破损（5分） （2）重量差异符合要求（符合要求10分，不符合要求不得分） （3）融变时限符合要求（符合要求5分，不符合要求不得分）		
清场情况（10分）	（1）设备与容器具清理（5分） （2）物料清理（5分）		
记录填写（10分）	记录填写完善、工整，无涂改（10分）（每涂改一处扣一分）		
职业核心能力（10分）	（1）着装是否符合要求（3分） （2）是否存在安全隐患（3分） （3）小组分工、合作、纪律情况（4分）		

附　药品检验报告书

编号：KH/ZA002-2

栓剂检验报告单

产品名称		规格	
批号		数量	
请检部门		请检日期	
有效期至		报告日期	
检验依据			
检验项目	标准规定		检验结果
【外观】			
【重量差异】			
【融变时限】			
检验结论			
检验人：	复核人：		审核人：
日期：	日期：		日期：

项目六 中药丸剂的制备与质量检测

任务一 大山楂丸的制备

6-1 中药丸剂的制备

一、核心概念

1. 中药丸剂

中药丸剂是指将药材细粉或药材提取物加适宜的黏合剂或其他辅料制成的球形或类球形固体制剂，主要供内服。

2. 丸剂的种类

丸剂种类较多，可按不同的分类方法，下面对常见的丸剂类型进行归纳。

（1）水丸 饮片细粉以水为黏合剂制成的丸剂。

（2）蜜丸 饮片细粉以炼蜜为黏合剂制成的丸剂。

（3）水蜜丸 饮片细粉以炼蜜和水为黏合剂制成的丸剂。

（4）浓缩丸 饮片或部分饮片提取浓缩后，与适宜辅料或其余饮片细粉，以水、炼蜜或炼蜜和水等为黏合剂制成的丸剂。

（5）糊丸 饮片细粉以米粉、米糊或面糊等为黏合剂制成的丸剂。

（6）蜡丸 饮片细粉以蜂蜡为黏合剂制成的丸剂。

（7）微丸 将普通的各类丸剂制成直径＜2.5mm 的小丸。如六神丸。

另外按照制法分为泛制丸、塑制丸；按照工艺和形状分为蜜丸、水蜜丸、微丸、滴丸、浓缩丸等。

3. 丸剂的辅料

（1）润湿剂 有水、酒、醋、蜜水、药汁等。

（2）黏合剂 有蜂蜜、米糊或面糊、药材清（浸）膏、糖浆等。

（3）吸收剂 有药材细粉、氢氧化铝凝胶粉、碳酸钙、氧化镁、碳酸镁、甘油磷酸钙、淀粉、糊精、乳糖等。

二、学习目标

1. 能读懂工作任务单，描述大山楂丸的制备方法、工艺流程；完成课前任务。

2. 能正确使用筛子，并按照 SOP 对固体物料预处理。

3. 能安全、正确使用加热设备，并按照 SOP 炼蜜。

4. 按 SOP 进行配料、制丸块和丸条、分割、搓圆。

5. 能对产品进行包装、按照规程清场。

6. 能小组合作，完成批记录填写，自我评价总结。

三、基本知识

1. 丸剂的制备方法

（1）塑制法　又称搓丸法。是将药材粉末与适宜的辅料（主要是润湿剂和黏合剂）混合制成可塑性的丸块，再经搓条、分割及搓圆制成丸剂的方法。是最古老、最普遍使用的制丸剂方法。本次任务采用塑制法，制备过程中使用手工搓丸板（图 6-1）。

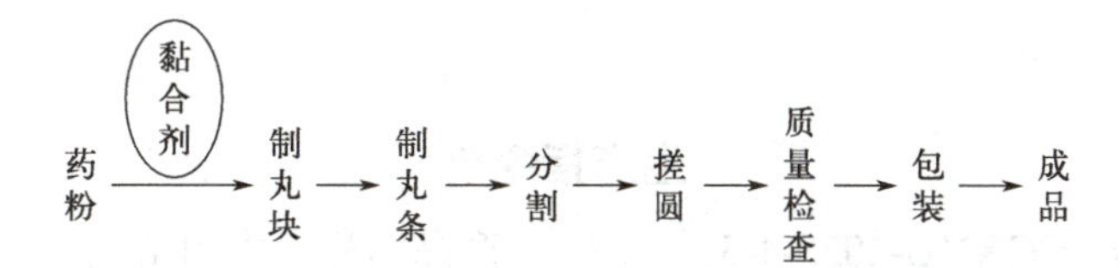

图6-1　手工搓丸板

（2）泛制法　又称泛丸法。是指在转动的适宜的容器或机械中将药材细粉与赋形剂交替润湿、撒布、不断翻滚、逐渐增大的一种制丸方法。

2. 大山楂丸的用法用量、用途

（1）口服，一次 1 ～ 2 丸，一日 1 ～ 3 次；小儿酌减（图 6-2 和图 6-3）。

（2）消积化滞。用于食积、肉积，停滞不化，痞满腹胀，饮食减少。

图6-2　大山楂丸（1）

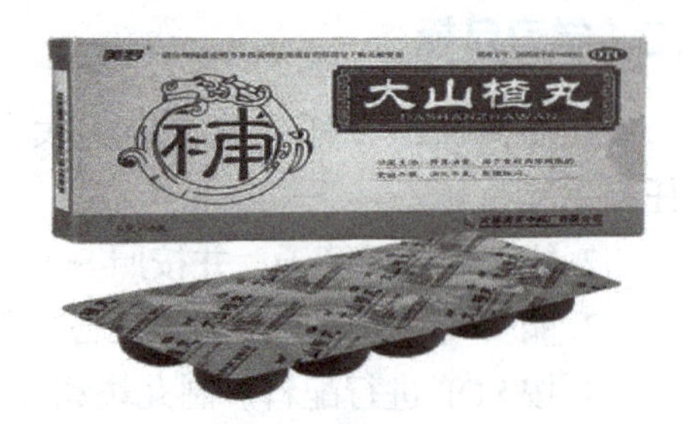

图6-3　大山楂丸（2）

四、能力训练

工作任务单

组别__________ 姓名__________、__________

（一）问题情境

我院合作药厂近期委托我校小批量生产一批大山楂丸，用于成年人消化不良，接受以上委托，我院药学系开始采买药用辅料及设备开始生产并质检大山楂丸。

生产指令单

指令编号：CGXYU-2025-4-5　　产品名称：大山楂丸

产品代码：WDSNIL-01　　规格：9g/ 丸

批号：20250421　　批量：60 粒

生产部签发人：小王　　签发日期：2025 年 4 月 14 日

批准人：小李　　批准日期：2025 年 4 月 16 日

中药丸剂车间于2025年4月21日开始生产上述品种，于2025年4月23日结束。

（二）课前任务

1. 查找资料，学习大山楂丸的处方组成及功效

大山楂丸的常见处方组成为：
大山楂丸的功效是：

2. 查找资料，掌握丸剂的制备方法，明确大山楂丸的制备方法和工艺流程，并在课业报告中加以描述。

大山楂丸制备方法： 大山楂丸的制备工艺流程为：

3. 思考大山楂丸生产操作要点，并预先考虑实验注意事项。

（三）原辅料投料量

名称	生产厂家	批号	单位	数量
干山楂	ABC 药用辅料有限公司	20250311	g	200
麦芽（炒）	ABC 药用辅料有限公司	20250327	g	30
六神曲（炒）	ABC 药用辅料有限公司	20250221	g	30
沙参	ABC 药用辅料有限公司	20250113	g	10
黄精	EF 药用辅料有限公司	20250327	g	10
百合	EF 药用辅料有限公司	20250221	g	10
蔗糖	EF 药用辅料有限公司	20250113	g	80
蜂蜜	EF 药用辅料有限公司	20250214	g	120
蒸馏水	学院实训中心	当日	mL	质量

（四）物料的领取及生产配料领料单填写

品名		规格		批号	
批生产数量		计划生产周期		指令编号	
物料名称	物料批号	供应商名称	计划领料量	实际领料量	
备注：					
领料人		领料日期		发料人	

（五）生产 SOP 及批记录填写

1. 固体物料预处理

① 将领取的干山楂、麦芽（炒）、六神曲（炒）、沙参、黄精、百合粉碎成粉末，分别使用 6 号筛（100 目）做过筛处理，过筛后称重记录。

② 将筛分后的物料过筛混匀，备用。

③ 取蔗糖 80g 加水 54mL，溶解备用。

序号	物料名称	物料批号	处理筛目	领取重量 /g	处理后重量 /g
操作人		操作日期		复核人	

2. 配料

取蜂蜜 120g，放入锅中，加热至 105 ～ 115℃，炼蜜，再与步骤③蔗糖水混匀滤过。

嫩蜜：系指蜂蜜加热至 105 ～ 115℃而得的制品。嫩蜜含水量在 20% 以上，色泽无明显变化，稍有黏性。

加热设备名称		设备编号	
设定设备温度		稳定后温度	
开始升温时间		升温结束时间	
操作人		复核人	

3. 制丸块、丸条

炼蜜与粉末混匀，捏搓使之形成不黏手、不松散、不黏附器壁、湿度适宜的可塑性丸块，再搓成丸条。

操作注意事项：

选择材料时，要选用山楂干，切勿选择新鲜山楂，因新鲜山楂含有大量水分，无法揉制成团。步骤 1 中③和步骤 2 顺序不能错，蔗糖不能放进锅中熬制。

4. 分割，搓圆

将丸条用刀具切割制成大小均匀的山楂丸，每丸 9g。制丸过程中若太干燥，可适量喷洒食用乙醇起润湿、润滑作用。

5. 包装

用玻璃瓶包装，置于阴凉干燥处密封贮存。贴上标签，注明产品名称、规格、批号、生产日期、操作人及复核人名字。

（六）清场

规范完成清场并填写清场记录。

清场记录单

内容	流程	是否完成（√）
设备、容器具及环境清理	按清洁工艺规程清洁质检设备、容器及用具	
	清理室内环境卫生	
物料清理	将生产所用物料放回指定区域	
	将生产产品转至物料暂存间相应区域	
清场人：__________、__________		

（七）任务评价

评价内容	评价标准	得分	扣分原因
课前任务（10分）	（1）能读懂工作任务单，描述大山楂丸的制备方法、工艺流程（5分） （2）完成课前任务（5分）		
过程操作（40分）	（1）能正确使用筛子，并按照SOP对固体物料预处理（10分） （2）能安全、正确使用加热设备，并按照SOP炼蜜（5分） （3）按SOP进行配料、制丸块和丸条、分割、搓圆（20分） （4）能对产品进行包装（5分）		
产品情况（20分）	（1）产品无破损，完整，表面光滑（10分） （2）每丸9g（10分）		
清场情况（10分）	（1）设备与容器具清理（5分） （2）物料清理（5分）		
记录填写（10分）	记录填写完善、工整，无涂改（10分）（每涂改一处扣一分）		
职业核心能力（10分）	（1）着装是否符合要求（3分） （2）是否存在安全隐患（3分） （3）小组卫生、纪律、分工、合作情况（4分）		

任务二　大山楂丸的质量检测

一、学习目标

1. 能读懂工作任务单，描述大山楂丸的质检项目类型；出色完成课前任务。
2. 能对大山楂丸外观进行判断。
3. 能规范、正确使用电子天平，并按照 SOP 进行称量。
4. 能规范、正确使用崩解仪，并按 SOP 进行溶散时限检查。
5. 能规范、正确使用烘箱，并按 SOP 进行干燥。
6. 能正确计算出重量差异限度和装量差异限度。
7. 能小组合作，完成批记录填写，自我评价总结。

二、基本知识

根据《中国药典》的“制剂通则”，丸剂需检查：

1. 外观

应圆整均匀，色泽一致。蜜丸应细腻滋润，软硬适中。蜡丸表面应光滑无裂纹，丸内不得有蜡点和颗粒。

2. 水分

除另有规定外，蜜丸和浓缩蜜丸中所含的水分不得过 15.0%，水蜜丸与浓缩水蜜丸不得过 12.0%，水丸、糊丸、浓缩水丸不得过 9.0%。

3. 重量差异

（1）10 丸为 1 份（丸重 1.5g 及 1.5g 以上 1 丸为 1 份），取供试品 10 份，分别称定重量，再与每份标示重量比较（无标示重量的丸剂与平均重量比较），超过重量差异限度的不得多于 2 份，并不得有 1 份超出限度的 1 倍。

标示重量(平均重量)	重量差异限度	标示重量(平均重量)	重量差异限度
0.05g 及 0.05g 以下	±12%	1.5g 以上至 3g	±8%
0.05g 以上至 0.1g	±11%	3g 以上至 6g	±7%
0.1g 以上至 0.3g	±10%	6g 以上至 9g	±6%
0.3g 以上至 1.5g	±9%	9g 以上	±5%

（2）包糖衣丸剂检查丸芯的重量差异，包糖衣后不再检查重量差异，其他包衣丸剂在包衣后检查重量差异；检查装量差异的单剂量包装丸剂不再检查重量差异。

4. 装量差异

取供试品 10 袋（瓶），分别称定每袋（瓶）内容物的重量，与标示装量比较，超出装量差异限度（见下表）的不得多于 2 袋（瓶），并不得有 1 袋（瓶）超出限度的 1 倍。

标示装量	装量差异限度	标示装量	装量差异限度
0.5g 及 0.5g 以下	±12%	3g 以上至 6g	±6%
0.5g 以上至 1g	±11%	6g 以上至 9g	±5%
1g 以上至 2g	±10%	9g 以上	±4%
2g 以上至 3g	±8%		

5. 溶散时限

除另有规定外，取供试品 6 丸，选择适当孔径筛网的吊篮，按崩解时限检查法片剂项下的加挡板进行检查。小蜜丸、水蜜丸和水丸应在 1 小时内全部溶散；浓缩丸和糊丸应在 2 小时内全部溶散。如有供试品黏附挡板妨碍检查时，应另取供试品 6 丸，不加挡板进行检查。如有细小颗粒状物未通过筛网，但已软化且无硬心者可按符合规定论。

蜡丸照崩解时限检查法片剂项下的肠溶衣片检查法检查。除另有规定外，大蜜丸及研碎、嚼碎后或用开水、黄酒等分散后服用的丸剂不检查溶散时限。

6. 微生物限度

按《中国药典》（2020 年版）的规定执行。

三、能力训练

工作任务单

组别 __________ 姓名 ___________、___________

（一）问题情境

我院合作药厂近期委托我校小批量生产一批大山楂丸，用于成年人消化不良，接受以上委托，我院药学系开始采买药用辅料及设备开始生产并质检大山楂丸。

质检指令单

指令编号：CGXYU-2025-4-6　　产品名称：大山楂丸

产品代码：WDSNIL-01　　规格：9g/ 丸

批号：20250428　　批量：60 粒

生产部签发人：小胡　　签发日期：2025 年 4 月 20 日

批准人：小李　　批准日期：2025 年 4 月 22 日

检剂车间于 2025 年 4 月 28 日开始检测上述品种，于 2025 年 4 月 30 日结束。

（二）课前任务

1. 复习药物分析课程相关知识，回顾药品检验操作基本程序。

药品检验操作基本程序：

2. 查阅《中国药典》(2020年版)，检索中药丸剂质量检测相关内容。

中药丸剂质量检测项目：

(三)质检领取及领料单填写

品名		规格		批号	
批质检数量		计划质检周期		指令编号	
物料名称	物料批号	供应商名称	计划领料量	实际领料量	
备注：					
领料人		领料日期		发料人	

(四)质检SOP及记录填写

大山楂丸的质量检测

1. 外观

取供试品10粒，检测其外观。要求：应圆整均匀，色泽一致。

检验结果：____________________

结论：____________________

2. 水分

取供试品20粒，精密称定其重量并记录数据，60℃干燥至衡重再重量记录。

要求：蜜丸和浓缩蜜丸中所含水分不得过15.0%；

水蜜丸与浓缩水蜜丸不得过15.0%；

水丸、糊丸、浓缩水丸不得过9.0%。

干燥前重量：____________________

干燥后重量：____________________

水分含量：____________________

结论：____________________

3. 重量差异

取供试品10份，每丸重超过1.5g，故1丸1份，分别称定重量，再与每份标示重量比较，判断其重量差异限度是否合格。

注：超过重量差异限度的不得多于2份，并不得有1份超出限度的1倍。

编号	1	2	3	4	5	6	7	8	9	10
每粒重量/g										
平均重量/g										
重量差异限度										
重量范围/g										
重量是否合格										
备注										
操作人				操作日期			复核人			

4. 装量差异

取已经包装好大山楂丸供试品10袋（瓶），分别称定每袋（瓶）内容物重量，再与每份标示重量比较，判断其装量差异限度是否合格。

注：超过装量差异限度的不得多于2袋（瓶），并不得有1袋（瓶）超出限度的1倍。

编号	1	2	3	4	5	6	7	8	9	10
内容物重量/g										
平均重量/g										
重量差异限度										
重量范围/g										
装量是否合格										
备注										
操作人				操作日期			复核人			

5. 溶散时限

取供试品大山楂丸 6 丸，选择适当孔径筛网的吊篮，按照崩解时限检查法片剂项下的加挡板检查，水蜜丸应在 1 小时内全部溶散，并通过筛网，如有细小颗粒状物未通过筛网，但已经软化无硬心可按符合规定论。

检验结果：____________________

结论：____________________

（五）清场

规范完成清场并填写清场记录。

清场记录单

内容	流程	是否完成（√）
设备、容器具及环境清理	按清洁工艺规程清洁质检设备、容器及用具	
	清理室内环境卫生	
物料清理	将检验所用物料放回指定区域	
	将检验产品转至物料暂存间相应区域	
		清场人：________、________

（六）任务评价

评价内容	评价标准	得分	扣分原因
课前任务（10分）	（1）能读懂工作任务单，描述大山楂丸的质检项目类型（5分） （2）出色完成课前任务（5分）		
过程操作（30分）	（1）能规范、正确使用电子天平，并按照 SOP 进行称量（5分） （2）能规范、正确使用崩解仪，并按 SOP 进行融变时限检查（5分） （3）能规范、正确使用烘箱，并按 SOP 进行干燥（10分） （4）能正确计算出重量差异限度和装量差异限度（10分）		
产品情况（30分）	（1）外观完整光滑，无破损（5分） （2）水分含量符合要求（5分） （3）重量差异符合要求（符合要求 10 分，不符合要求不得分） （4）装量差异符合要求（符合要求 5 分，不符合要求不得分） （5）溶散时限符合要求（符合要求 5 分，不符合要求不得分）		
清场情况（10分）	（1）设备与容器具清理（5分） （2）物料清理（5分）		
记录填写（10分）	记录填写完善、工整，无涂改（10分）（每涂改一处扣一分）		
职业核心能力（10分）	（1）着装是否符合要求（3分） （2）是否存在安全隐患（3分） （3）小组分工、合作、纪律情况（4分）		

附　药品检验报告书

编号：KH/ZC032-2

大山楂丸检验报告单

产品名称		规格	
批号		数量	
请检部门		请检日期	
有效期至		报告日期	
检验依据			
检验项目	标准规定		检验结果
【外观】			
【水分】			
【重量差异】			
【装量差异】			
【溶散时限】			
检验结论			
检验人： 日期：	复核人： 日期：		审核人： 日期：

综合考核：六味地黄丸的制备与质量检测

一、学习目标

1. 能读懂工作任务单，描述六味地黄丸的制备方法、工艺流程。
2. 能正确使用筛子，并按照 SOP 对固体物料预处理。
3. 能安全、正确使用加热设备，并按照 SOP 炼蜜。
4. 按 SOP 进行配料、制丸块和丸条、分割、搓圆。
5. 能对六味地黄丸外观进行判断。
6. 能规范、正确使用电子天平，并按照 SOP 进行称量。
7. 能规范、正确使用崩解仪，并按 SOP 进行溶散时限检查。

8. 能规范、正确使用烘箱，并按 SOP 进行干燥。

9. 能正确计算出重量差异限度和装量差异限度。

10. 能对产品进行包装、按照规程清场。

11. 能小组合作，完成批记录填写，自我评价总结。

二、基本知识

1. 中药丸剂的基本概念、制备方法和质检项目详见本项目任务一和任务二。

2. 六味地黄丸适应证：具有滋阴补肾的功效。用于肾阴亏损，头晕耳鸣，腰膝酸软，骨蒸潮热，盗汗遗精（图 6-4）。

图6-4　六味地黄丸

三、能力训练

工作任务单

组别 __________ 姓名 ___________、___________

（一）问题情境

我院校企合作单位委托我校生产一批六味地黄丸并辅助其生产质检工作，受以上委托我系开始采购辅料，完成委托任务。

生产及质检指令单

指令编号：CGXYU-2025-5-1　　产品名称：六味地黄丸

产品代码：WDSNIL-01　　规格：9g/ 粒

批号：20250501　　批量：60 粒

生产部签发人：小王　　签发日期：2025 年 5 月 27 日

批准人：小李　　批准日期：2025 年 5 月 27 日

中药丸剂车间于 2023 年 5 月 1 日开始生产并质检上述品种，于 2025 年 5 月 3 日结束。

（二）原辅料投料量

名称	生产厂家	批号	单位	数量
熟地黄	AD药用辅料有限公司	20250311	g	160
酒山茱萸	AD药用辅料有限公司	20250327	g	80
牡丹皮	AD药用辅料有限公司	20250221	g	60
山药	EFG药用辅料有限公司	20250113	g	80
茯苓	EFG药用辅料有限公司	20250113	g	60
泽泻	HW药用辅料有限公司	20250113	g	60
蔗糖	ABC药用辅料有限公司	20250113	g	40
蜂蜜	ABC药用辅料有限公司	20250113	g	60
蒸馏水	学院实训中心	当日	mL	适量

（三）物料的领取及生产质检配料领料单填写

品名		规格		批号	
批生产数量		计划生产周期		指令编号	
物料名称	物料批号	供应商名称	计划领料量	实际领料量	
备注：					
领料人		领料日期		发料人	

（四）生产SOP及批记录填写

1. 固体物料预处理

① 将领取的熟地黄、牡丹皮、山药等碎成粉末，分别使用6号筛（100目）做过筛处理，过筛后称重记录。混匀，备用。

② 取蔗糖40g，加蒸馏水30mL，溶解备用。

序号	物料名称	物料批号	处理筛目	领取重量/g	处理后重量/g
操作人		操作日期		复核人	

2. 配料

取蜂蜜 60g，放入锅中，加热至 105 ～ 115℃，炼蜜，再与步骤②蔗糖水混匀滤过。

嫩蜜：系指蜂蜜加热至 105 ～ 115℃而得的制品。嫩蜜含水量在 20% 以上，色泽无明显变化，稍有黏性。

加热设备名称		设备编号	
设定设备温度		稳定后温度	
开始升温时间		升温结束时间	
操作人		复核人	

3. 制丸块、丸条

炼蜜与①粉末混匀，加炼蜜 80 ～ 110g 采用搓丸法手工制成大蜜丸，每丸 9g。

4. 包装

用玻璃瓶包装，置于阴凉干燥处密封贮存。贴上标签，注明产品名称、规格、批号、生产日期、操作人及复核人名字。

（五）质检 SOP 及记录填写

六味地黄丸的质量检测

1. 外观

取供试品 10 粒，检测其外观。要求：应圆整均匀，色泽一致。

检验结果：____________________

结论：____________________

2. 水分

取供试品 20 粒，精密称定其重量并记录数据，60℃干燥至衡重再重量记录。

要求：蜜丸和浓缩蜜丸中所含水分不得过 15.0%；

水蜜丸与浓缩水蜜丸不得过 15.0%；

水丸、糊丸、浓缩水丸不得超过 9.0%。

干燥前重量：____________________

干燥后重量：____________________

水分含量：____________________

结论：____________________

3. 重量差异

取供试品 10 份，每丸重超过 1.5g，故 1 丸 1 份，分别称定每份重量，再与每份标示重量比较，判断其重量差异限度是否合格。

注：超过重量差异限度的不得多于 2 份，并不得有 1 份超出限度的 1 倍。

编号	1	2	3	4	5	6	7	8	9	10
每粒重量/g										
平均重量/g										
重量差异限度										
重量范围/g										
重量是否合格										
备注										
操作人				操作日期			复核人			

4. 装量差异

取已经包装好六味地黄丸供试品 10 袋（瓶），分别称定每袋（瓶）内容物重量，再与每份标示重量比较，判断其装量差异限度是否合格。

注：超过装量差异限度的不得多于 2 袋（瓶），并不得有 1 袋（瓶）超出限度的 1 倍。

编号	1	2	3	4	5	6	7	8	9	10
内容物重量/g										
平均重量/g										
重量差异限度										
重量范围/g										
装量是否合格										
备注										
操作人				操作日期			复核人			

5. 溶散时限

取供试品六味地黄丸 6 丸，选择适当孔径筛网的吊篮，按照崩解时限检查法片剂项下的加挡板检查，水蜜丸应在 1 小时内全部溶散，并通过筛网，如有细小颗粒状物未通过筛网，但已经软化无硬心可按符合规定论。

检验结果：____________________

结论：____________________

（六）清场

规范完成清场并填写清场记录。

清场记录单

内容	流程	是否完成（√）
设备、容器具及环境清理	按清洁工艺规程清洁质检设备、容器及用具	
	清理室内环境卫生	
物料清理	将生产和检验所用物料放回指定区域	
	将生产和检验产品转至物料暂存间相应区域	
清场人：________、________		

（七）任务评价

评价内容	评价标准	得分	扣分原因
接收信息及领料（10分）	能读懂工作任务单，正确领料（10分）		
过程操作（40分）	（1）能正确使用筛子，并按照 SOP 对固体物料预处理（5分） （2）能安全、正确使用加热设备，并按照 SOP 炼蜜（5分） （3）按 SOP 进行配料、制丸块和丸条、分割、搓圆（10分） （4）能规范、正确使用电子天平，并按照 SOP 进行称量（5分） （5）能规范、正确使用崩解仪，并按 SOP 进行溶散时限检查（5分） （6）能规范、正确使用烘箱，并按 SOP 进行干燥（5分） （7）能正确计算出重量差异限度和装量差异限度（5分）		
产品情况（20分）	（1）外观完整光滑，无破损（3分） （2）水分含量符合要求（2分） （3）重量差异符合要求（符合要求 5 分，不符合要求不得分） （4）装量差异符合要求（符合要求 5 分，不符合要求不得分） （5）溶散时限符合要求（符合要求 5 分，不符合要求不得分）		
清场情况（10分）	（1）设备与容器具清理（5分） （2）物料清理（5分）		
记录填写（10分）	记录填写完善、工整，无涂改（10分）（每涂改一处扣一分）		
职业核心能力（10分）	（1）着装是否符合要求（3分） （2）是否存在安全隐患（3分） （3）小组分工、合作、纪律情况（4分）		

附　药品检验报告书

编号：KH/ZC032-3

六味地黄丸检验报告单

产品名称		规格	
批号		数量	
请检部门		请检日期	
有效期至		报告日期	
检验依据			
检验项目	标准规定		检验结果
【外观】			
【水分】			
【重量差异】			
【装量差异】			
【溶散时限】			
检验结论			
检验人： 日期：	复核人： 日期：		审核人： 日期：

项目七　液体制剂的制备与质量检测

任务一　复方碘口服溶液的制备

7-1　低分子溶液剂的制备

一、核心概念

1. 液体制剂

液体制剂系指药物分散在适宜的分散介质中制成的液体形态的制剂，可供内服或外用。按分散体系可分为溶液型液体制剂、高分子溶液剂、溶胶剂、混悬剂和乳剂。

2. 溶剂

制备时应选择优良的溶剂。常用溶剂为水、乙醇、甘油、丙二醇、脂肪油、液体石蜡等。

3. 附加剂

常用的附加剂有防腐剂、矫味剂、着色剂等。

4. 溶液型液体制剂

溶液型液体制剂是指药物以分子或离子（直径在 1nm 以下）状态分散在溶剂中所制成的液体制剂，供内服或外用。包括溶液剂、糖浆剂、甘油剂、醑剂和芳香水剂等。

二、学习目标

1. 能读懂工作任务单，描述溶液剂的制备（溶解法）工艺流程；完成课前任务。

2. 能规范使用称量仪器，并按 SOP 称取、量取物料。

3. 能正确使用溶解法进行溶液剂的配制。

4. 能正确进行分剂量、包装操作。

5. 能按照操作规程完成清场工作。

6. 能小组合作，完成批记录填写，自我评价总结。

三、基本知识

1. 溶液剂

溶液剂系指非挥发性药物的澄清溶液（氨溶液等例外），供内服或外用。

2. 制备方法

溶液剂的制备方法有溶解法、稀释法和化学反应法。本次任务，采用溶解法配制。

（1）溶解法　溶液剂多采用溶解法制备。

工艺流程为：称量→溶解→滤过→混合→调整容量→质量检测→包装

溶解法操作技能要点：

① 取制备总量 1/2 ～ 3/4 的溶剂，加入固体药物，搅拌使其溶解；

② 溶解度小的药物和附加剂应先将其溶解在溶剂中；

③ 对热稳定而溶解缓慢的药物可加热促进其溶解；

④ 不耐热的药物宜待溶液冷却后加入；

⑤ 黏稠液体量取后，用少量水稀释后再加入溶液中；

⑥ 溶液滤过后自滤器上添加溶剂至全量。

（2）稀释法　适用于高浓度溶液或易溶性药物的浓贮备液等原料。

（3）化学反应法　系指将两种或两种以上的药物，通过化学反应制成新的药物溶液的方法。适用于原料药物缺乏或质量不符合要求的情况。

3. 复方碘口服溶液（卢戈氏液）的外观、用途及制备要点（图 7-1 和图 7-2）

（1）外观　复方碘口服溶液为深红棕色澄明液体（图 7-3）。

（2）用途　调节甲状腺功能，主要用于甲状腺功能亢进的辅助治疗，外用作黏膜消毒药。

（3）制备要点

① 由于碘难溶于水（图 7-4），又具有挥发性，故加碘化钾作助溶剂，与碘生成易溶性的络合物而溶于水，并能使溶液稳定。

图7-1　卢戈氏碘溶液（1）

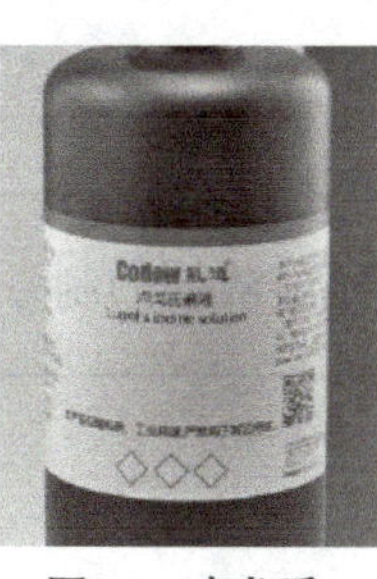

图7-2　卢戈氏碘溶液（2）

图7-3　复方碘口服溶液

图7-4　碘溶液

② 为加速碘的溶解，宜先将碘化钾加适量纯化水（1∶1）配成近饱和溶液，再加碘溶解。

③ 本品宜采用玻璃塞磨口瓶盛装，不得直接与软木塞、橡胶塞接触，为避免腐蚀，可加一层玻璃纸衬垫。

四、能力训练

工作任务单

组别 ________ 姓名 ________、________

（一）问题情境

我院合作药企接到A企业订单，需要在规定时间内生产一批复方碘口服溶液。

生产指令单

指令编号：QGYXX-2025-5-2　　产品名称：复方碘口服溶液

产品代码：FFDKFRY-01　　规格：20mL/瓶，5%（g/mL）

批号：20250506　　批量：5瓶

生产部签发人：张三　　签发日期：2025年4月29日

批准人：李四　　批准日期：2025年4月30日

液体制剂车间于2025年5月6日开始生产上述品种，于2025年5月7日结束。

（二）课前任务

1. 查找资料，学习复方碘口服溶液的处方组成及功效。

复方碘口服溶液的常见处方组成为：
复方碘口服溶液的功效是：

2. 复习药物制剂技术课程相关知识，回顾溶液剂的制备（溶解法）工艺流程。

溶液剂的制备（溶解法）工艺流程为：

3. 根据课前学习，请你分析碘化钾在处方中的作用？复方碘口服溶液制备时应注意什么？

碘化钾在处方中的作用为： 复方碘口服溶液制备时应注意：

（三）原辅料投料量

名称	生产厂家	批号	单位	数量
碘	ABC 药业有限公司	20250328	g	5
碘化钾	ABC 药业有限公司	20250123	g	10
纯化水	EF 药用辅料有限公司	20250212	mL	适量

（四）物料的领取及生产配料领料单填写

品名		规格		批号	
批生产数量		计划生产周期		指令编号	
物料名称	物料批号	供应商名称	计划领料量	实际领料量	
备注：					
领料人		领料日期		发料人	

（五）生产 SOP 及批记录填写

复方碘口服溶液

【处方】 碘　　　　　5g

　　　　碘化钾　　　10g

　　　　纯化水适量　共制 100mL

1. 物料的称量

① 用托盘天平（图 7-5）和表面皿（图 7-6）称取碘 5g，记录数据。

② 用托盘天平称取碘化钾 10g，记录数据。

序号	物料名称	物料批号		称取重量 /g	
操作人		操作日期		复核人	

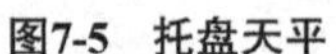

图7-5　托盘天平

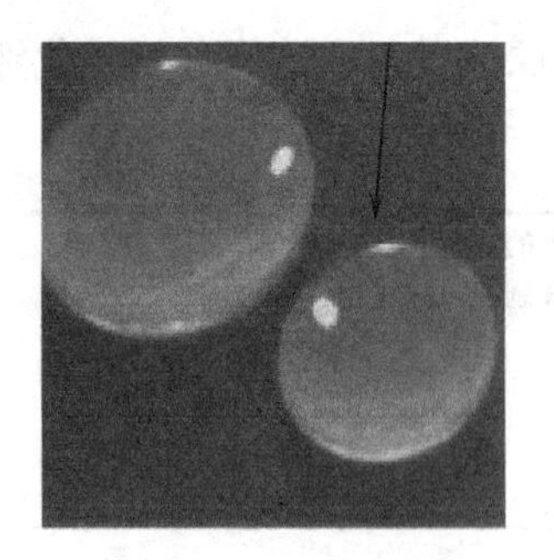

图7-6　表面皿

2. 溶液配制

取碘化钾，加纯化水适量（约为碘化钾的1倍量）搅拌溶解，再加入碘搅拌使其溶解，再加适量纯化水定容至全量，搅匀，即得。

溶液配制体积记录：V=______mL

产品外观描述：____________________

3. 分剂量、包装

将配好的药液按20mL/瓶，5%（g/mL）规格进行分剂量，转移至试剂瓶中，贴上标签，标签上需注明产品名称、规格、批号、生产日期、操作人及复核人名字。

（六）清场

规范完成清场并填写清场记录。

清场记录单

内容	流程	是否完成（√）
设备、容器具及环境清理	按清洁工艺规程清洁质检设备、容器及用具	
	清理室内环境卫生	
物料清理	将生产所用物料放回指定区域	
	将生产产品转至物料暂存间相应区域	
清场人：__________、__________		

（七）任务评价

评价内容	评价标准	得分	扣分原因
课前任务（10分）	（1）能读懂工作任务单，描述溶液剂的制备（溶解法）工艺流程（5分） （2）完成课前任务（5分）		
过程操作（40分）	（1）能规范使用称量仪器，并按SOP称取、量取物料（10分） （2）能正确使用溶解法进行溶液剂的配制（物料加入顺序正确，助溶过程正确，10分） （3）转移与定容正确，充分混匀（5分） （4）数据记录和外观描述正确（5分） （5）能正确进行分剂量操作（5分） （6）能正确进行包装操作（5分）		

续表

评价内容	评价标准	得分	扣分原因
产品情况（20分）	（1）外观为深红棕色澄明液体（5分） （2）碘全部溶解（10分） （3）包装、标签规范（5分）		
清场情况（10分）	（1）设备与容器具清理（5分） （2）物料清理（5分）		
记录填写（10分）	记录填写完整、规范，无涂改（10分）（每涂改一处扣一分）		
职业核心能力（10分）	（1）着装是否符合要求（3分） （2）是否存在安全隐患（3分） （3）小组分工、合作、纪律情况（4分）		

任务二　单糖浆的制备

一、核心概念

1. 糖浆剂

糖浆剂系指含有原料药物的浓蔗糖水溶液，供口服用。药物可以是化学药物，也可以是药材提取物。

2. 糖浆剂分类

（1）单糖浆　单纯蔗糖的近饱和水溶液。含蔗糖量为85%（g/mL）或64.7%（g/g）。

（2）药用糖浆　又称含药糖浆，主要用于治疗疾病。

（3）芳香糖浆　含芳香性物质或果汁的浓蔗糖水溶液。

3. 糖浆剂的质量要求

（1）含蔗糖量应不低于45%（g/mL）。

（2）应澄清，不得有发霉、酸败、产生气体或其他变质现象。

（3）含药材提取物的糖浆剂允许有少量轻摇易散的沉淀。

（4）必要时可加入乙醇、甘油等作稳定剂。

二、学习目标

1. 能读懂工作任务单，描述糖浆剂制备（热溶法）工艺流程；完成课前任务。

2. 能规范使用称量仪器，并按SOP称取、量取物料。

3. 能正确使用热溶法制备单糖浆。

4. 能规范使用过滤设备进行过滤操作。

5. 能正确进行分剂量、包装操作。

6. 按照操作规程完成清场工作。

7. 能小组合作，完成批记录填写，自我评价总结。

三、基本知识

1. 制备方法

糖浆剂的制备方法有溶解法（热溶法和冷溶法）和混合法，本次实训课，将采用热溶法进行配制。

（1）热溶法　将蔗糖加入沸纯化水中，加热溶解后，再加入药物溶解，滤过，自滤器上加煮沸过的纯化水至全量。热溶法适用于制备对热稳定药物的糖浆剂，优点是蔗糖容易溶解，蔗糖中所含的蛋白质等杂质被加热凝固而滤除，制得的糖浆剂易于滤清，同时在加热过程中能杀灭微生物，使糖浆剂易于保存。

（2）冷溶法　在室温下将蔗糖溶于纯化水中制成糖浆剂。适用于制备对热不稳定或挥发性药物的糖浆剂。优点是制备的糖浆剂色泽较浅，但制备所需时间较长，且易污染微生物。

（3）混合法　此法适合制备含药糖浆，操作简便，质量稳定，应用广泛。

2. 热溶法制备单糖浆的工艺流程

纯化水→煮沸→加入蔗糖→加热至100℃→滤过→定容至全量→混匀→分剂量→质检→包装

3. 单糖浆的外观、用途及制备要点

（1）外观　本品为无色或淡黄色的均匀黏稠性液体。

（2）用途　作矫味剂和赋形剂。

（3）制备要点

① 制备应在清洁避菌的环境中进行，所用的各种容器、用具应进行清洁处理或灭菌，并及时灌装。

② 应选用无色、无异臭的药用白砂糖为原料，而不能选用绵白糖，因绵白糖含有蛋白质、黏液质等杂质，且易吸潮、长霉。

③ 应注意控制加热的温度与时间，以防温度过高、时间过长使蔗糖焦化或转化，而使糖浆剂色泽变深。

四、能力训练

工作任务单

组别 __________ 姓名 __________、__________

（一）问题情境

我院药企合作单位接到B企业订单，需要在规定时间内生产一批单糖浆。

生产指令单

指令编号：QGYXX-2025-5-3	产品名称：单糖浆
产品代码：DTJ-01	规格：50mL/瓶
批号：20250509	批量：4瓶
生产部签发人：张三	签发日期：2025年5月1日
批准人：李四	批准日期：2025年5月3日

液体制剂车间于2025年5月9日开始生产上述品种，于2025年5月10日结束。

（二）课前任务

1. 查找资料，学习单糖浆的处方组成及用途。

单糖浆的常见处方组成为：
单糖浆的用途是：

2. 复习药物制剂技术课程相关知识，回顾单糖浆的制备（热溶法）工艺流程。

单糖浆制备（热溶法）工艺流程为：

3. 根据课前学习，请问糖浆剂的制备方法有哪些？各自有何特点？

（三）原辅料投料量

名称	生产厂家	批号	单位	数量
蔗糖	ABC药业有限公司	20250328	g	170
纯化水	学院实训中心	当日	mL	适量

（四）物料的领取及生产配料领料单填写

品名		规格		批号	
批生产数量		计划生产周期		指令编号	
物料名称	物料批号	供应商名称	计划领料量	实际领料量	
备注：					
领料人		领料日期		发料人	

（五）生产SOP及批记录填写

单糖浆

【处方】 蔗糖　　170g

纯化水　　适量

共制　　200mL

1. 物料的称量

称取蔗糖170g，并记录数据。

序号	物料名称	物料批号	称取重量/g		
操作人		操作日期		复核人	

2. 溶液的配制（热溶法）

取纯化水100mL，加热煮沸，加蔗糖搅拌溶解，继续加热至100℃。

3. 溶液的滤过

将步骤2制得的药液保温滤过，自滤器上添加适量煮沸过的纯化水，使其冷却至室温时为200mL，搅匀，即得。

体积记录：V=__________mL

产品外观描述：______________________

4. 分剂量、包装

将配好的药液按50mL/瓶规格进行分剂量，转移至试剂瓶中，贴上标签，标签上需注明产品名称、规格、批号、生产日期、操作人及复核人名字。

（六）清场

规范完成清场并填写清场记录。

清场记录单

内容	流程	是否完成（√）
设备、容器具及环境清理	按清洁工艺规程清洁质检设备、容器及用具	
	清理室内环境卫生	
物料清理	将生产所用物料放回指定区域	
	将生产产品转至物料暂存间相应区域	
清场人：__________、__________		

（七）任务评价

评价内容	评价标准	得分	扣分原因
课前任务（10分）	（1）能读懂工作任务单，描述热溶法制备单糖浆的工艺流程（5分） （2）完成课前任务（5分）		
过程操作（40分）	（1）能规范使用称量仪器，并按SOP称取、量取物料（5分） （2）能正确使用热溶法配制单糖浆（10分） （3）能规范使用过滤设备进行过滤操作（5分） （4）转移与定容正确，充分混匀（5分） （5）数据记录和外观描述正确（5分） （6）能规范进行分剂量操作（5分） （7）能规范进行包装操作（5分）		
产品情况（20分）	（1）无色或淡黄色的均匀黏稠性液体（10分） （2）剂量准确（5分） （3）包装、标签规范（5分）		
清场情况（10分）	（1）设备与容器具清理（5分） （2）物料清理（5分）		
记录填写（10分）	记录填写完整、规范，无涂改（10分）（每涂改一处扣一分）		
职业核心能力（10分）	（1）着装是否符合要求（3分） （2）是否存在安全隐患（3分） （3）小组分工、合作、纪律情况（4分）		

任务三　羧甲基纤维素钠胶浆的制备

一、核心概念

1. 高分子溶液剂

高分子溶液剂系指高分子化合物溶解于溶剂中制成的均匀分散的液体制剂。

2. 高分子溶液剂分类

（1）亲水性高分子溶液剂　以水为溶剂制备的高分子溶液剂称为亲水性高分子溶液剂，又称亲水胶体溶液或称胶浆剂。亲水性高分子溶液剂在制剂中应用较多，常用作黏合剂、助悬剂、乳化剂等。

（2）非水性高分子溶液剂　以非水溶剂制备的高分子溶液剂称为非水性高分子溶液剂。

二、学习目标

1. 能读懂工作任务单，描述高分子溶液剂的制备方法与注意事项；完成课前任务。

2. 能规范使用称量设备，并按 SOP 称取、量取物料。

3. 能使用溶解法制备高分子溶液剂。

4. 能正确进行分剂量、包装操作。

5. 按照操作规程完成清场工作。

6. 能小组合作，完成批记录填写，自我评价总结。

三、基本知识

1. 制备方法

制备高分子溶液多采用溶解法，包括有限溶胀和无限溶胀两个过程。先将高分子化合物用水浸泡，水分子单方向渗透到分子间的空隙中，与亲水基发生水化作用而使体积膨胀，这一过程称为有限溶胀。溶胀过程继续进行，最后高分子化合物完全分散在水中形成高分子溶液，这一过程称为无限溶胀。

2. 羧甲基纤维素钠胶浆的外观、用途及制备要点

（1）外观　无色透明的均匀胶液。

（2）用途　润滑剂。用于腔道、器械检查或查肛时起润滑作用。

（3）制备要点

① 羧甲基纤维素钠在冷、热水中均能溶解，但在冷水中溶解缓慢，故宜用

热水溶解。但超过 80℃长时间加热，导致黏度降低。

② 羟苯乙酯溶液应缓缓加入，并不断搅拌，防止析出较大结晶。

③ 羧甲基纤维素钠遇阳离子型药物以及碱土金属、重金属盐能产生沉淀，故不能使用季铵盐类和汞类防腐剂。

四、能力训练

工作任务单

组别 __________ 姓名 ____________、____________

（一）问题情境

我院合作药企接到 C 企业订单，需要在规定时间内生产一批羧甲基纤维素钠胶浆。

生产指令单

指令编号：QGYXX-2025-5-4　　产品名称：羧甲基纤维素钠胶浆

产品代码：SJJXWSNJJ-01　　规格：30mL/ 瓶

批号：20250512　　批量：3 瓶

生产部签发人：张三　　签发日期：2025 年 5 月 5 日

批准人：李四　　批准日期：2025 年 5 月 7 日

液体制剂车间于 2025 年 5 月 12 日开始生产上述品种，于 2025 年 5 月 13 日结束。

（二）课前任务

1. 查找资料，学习羧甲基纤维素钠胶浆的处方组成及功效。

羧甲基纤维素钠胶浆的常见处方组成为：
羧甲基纤维素钠胶浆的功效是：

2. 复习药物制剂技术课程相关知识，回顾高分子溶液剂的制备方法和注意事项。

高分子溶液剂的制备方法与注意事项：

（三）原辅料投料量

名称	生产厂家	批号	单位	数量
羧甲基纤维素钠	ABC药业有限公司	20250328	g	2.5
甘油	EF药用辅料有限公司	20250123	mL	30
羟苯乙酯溶液（5%）	EF药用辅料有限公司	20250220	mL	2
纯化水	学院实训中心	当日	mL	适量

（四）物料的领取及生产配料领料单填写

品名		规格		批号	
批生产数量		计划生产周期		指令编号	
物料名称	物料批号	供应商名称	计划领料量	实际领料量	
备注：					
领料人		领料日期		发料人	

（五）生产SOP及批记录填写

羧甲基纤维素钠胶浆

【处方】

羧甲基纤维素钠　　2.5g

甘油　　30mL

羟苯乙酯溶液（5%）　　2mL

纯化水　　　　　　　适量
共制　　　　　　　　100mL

1. 物料的取用

① 用托盘天平称取羧甲基纤维素钠 2.5g，记录。

② 用量筒分别量取甘油 30mL、羟苯乙酯溶液（5%）2mL、纯化水适量。

<table>
<tr><th>序号</th><th>物料名称</th><th colspan="2">物料批号</th><th colspan="2">领取用量/g（或/mL）</th></tr>
<tr><td></td><td></td><td colspan="2"></td><td colspan="2"></td></tr>
<tr><td></td><td></td><td colspan="2"></td><td colspan="2"></td></tr>
<tr><td></td><td></td><td colspan="2"></td><td colspan="2"></td></tr>
<tr><td></td><td></td><td colspan="2"></td><td colspan="2"></td></tr>
<tr><td>操作人</td><td></td><td>操作日期</td><td></td><td>复核人</td><td></td></tr>
</table>

2. 溶液的配制

羧甲基纤维素钠胶浆是一种常见的高分子溶液剂，制备采用溶解法，溶解要经过有限溶胀与无限溶胀。无限溶胀过程常需要搅拌或加热才能完成。

配制方法：取羧甲基纤维素钠分次加入 50mL 的热纯化水中，轻加搅拌使其溶解，然后加入甘油、羟苯乙酯溶液（5%），最后添加纯化水至 100mL，搅匀，即得。

配制体积记录：V=__________mL

产品外观描述：______________________

3. 分剂量、包装

将配好的药液按 30mL/瓶的规格进行分剂量，转移至试剂瓶中，贴上标签，标签上需注明产品名称、规格、批号、生产日期、操作人及复核人名字。

（六）清场

规范完成清场并填写清场记录。

清场记录单

<table>
<tr><th>内容</th><th>流程</th><th>是否完成（√）</th></tr>
<tr><td rowspan="2">设备、容器具及环境清理</td><td>按清洁工艺规程清洁质检设备、容器及用具</td><td></td></tr>
<tr><td>清理室内环境卫生</td><td></td></tr>
<tr><td rowspan="2">物料清理</td><td>将生产所用物料放回指定区域</td><td></td></tr>
<tr><td>将生产产品转至物料暂存间相应区域</td><td></td></tr>
<tr><td colspan="3" align="right">清场人：__________、__________</td></tr>
</table>

（七）任务评价

评价内容	评价标准	得分	扣分原因
课前任务（10分）	（1）能读懂工作任务单，描述高分子溶液剂的制备方法与注意事项（5分） （2）完成课前任务（5分）		
过程操作（40分）	（1）能规范使用称量仪器，并按 SOP 称取、量取物料（10分） （2）能正确采用溶解法配制药液，溶胀过程规范（10分） （3）转移与定容正确，充分混匀（5分） （4）数据记录和外观描述正确（5分） （5）能规范进行分剂量操作（5分） （6）能规范进行包装操作（5分）		
产品情况（20分）	（1）无色透明的均匀胶液（羧甲基纤维素钠均溶解，无絮状、块状物）（10分） （2）剂量准确（5分） （3）包装、标签规范（5分）		
清场情况（10分）	（1）设备与容器具清理（5分） （2）物料清理（5分）		
记录填写（10分）	记录填写完整、规范，无涂改（10分）（每涂改一处扣一分）		
职业核心能力（10分）	（1）着装是否符合要求（3分） （2）是否存在安全隐患（3分） （3）小组分工、合作、纪律情况（4分）		

任务四　10%淀粉浆的制备

7-2　高分子溶液剂的制备

一、学习目标

1. 能读懂工作任务单，描述淀粉浆的制备方法、分类及各自特点；完成课前任务。

2. 能规范使用称量仪器，并按 SOP 称取、量取物料。

3. 能分别使用冲浆法和煮浆法制备淀粉浆。

4. 能正确进行分剂量、包装操作。

5. 按照规程完成清场工作。

6. 能小组合作，完成批记录填写，自我评价总结。

二、基本知识

1. 制备方法

淀粉浆的制法主要有煮浆法和冲浆法。

（1）冲浆法是将淀粉混悬于少量（1 ～ 1.5 倍）水中，然后根据浓度要求冲入一定量的沸水，不断搅拌糊化而成。

（2）煮浆法是将淀粉混悬于全部量的水中，加热并不断搅拌，直至糊化。

2. 10% 淀粉浆的外观、用途及制备要点

（1）外观　无色透明的黏稠性浆状液体。

（2）用途　淀粉浆是片剂生产中最常用的黏合剂，常用浓度 8% ～ 15%，并以 10% 淀粉浆最为常用。

（3）制备要点　制备淀粉浆溶液时要注意材料的选择，只能选择生粉，而不能选择水溶性淀粉。加热溶解淀粉的时候，要不断搅拌，否则淀粉会粘在烧杯底部，发生糊化。

三、能力训练

工作任务单

组别 ________ 姓名 ________、________

（一）问题情境

我院合作药企接到 D 企业订单，需要在规定时间内生产一批 10% 淀粉浆。

生产指令单

指令编号：QGYXX-2025-5-5　　产品名称：10% 淀粉浆

产品代码：DFJ-01　　规格：20g/ 瓶

批号：20250515　　批量：5 瓶

生产部签发人：张三　　签发日期：2025 年 5 月 8 日

批准人：李四　　批准日期：2025 年 5 月 10 日

液体制剂车间于 2025 年 5 月 15 日开始生产上述品种，于 2025 年 5 月 16 日结束。

（二）课前任务

1. 查找资料，学习淀粉浆的处方组成及用途。

淀粉浆的常见处方组成为：
淀粉浆的用途是：

2. 复习药物制剂技术课程相关知识，回顾淀粉浆的制备方法分类及各自特点。

淀粉浆的制备方法分类及各自特点为：

（三）原辅料投料量

名称	生产厂家	批号	单位	数量
淀粉	ABC药业有限公司	20250328	g	10
纯化水	学院实训中心	当日	g	90

（四）物料的领取及生产配料领料单填写

品名		规格		批号	
批生产数量		计划生产周期		指令编号	
物料名称	物料批号	供应商名称	计划领料量	实际领料量	
备注：					
领料人		领料日期		发料人	

（五）生产SOP及批记录填写

10%淀粉浆

【处方】 淀粉 10g

纯化水 90g

1. 物料的称量

使用托盘天平称取淀粉10g，并记录数据。

序号	物料名称	物料批号	称取重量/g		
操作人		操作日期		复核人	

2. 10%淀粉浆的配制

淀粉浆的制法主要有煮浆法和冲浆法。本次任务将采用两种方法进行配制。

（1）冲浆法　将淀粉混悬于少量（1～1.5倍）水中，然后根据浓度要求冲入一定量的沸水，不断搅拌糊化而成。

（2）煮浆法　将淀粉混悬于全部量的水中，加热并不断搅拌，直至糊化。

① 量取纯化水90mL，置于烧杯中（图7-7）。

② 称取淀粉10g，投入上述烧杯中（图7-8），静置5分钟进行有限溶胀（图7-9）。

图7-7　纯化水

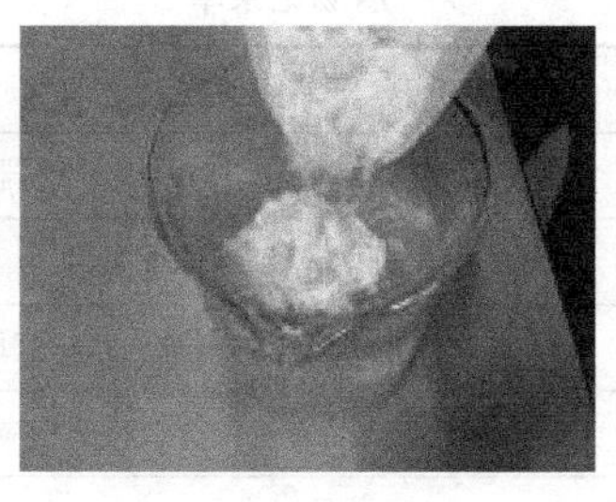

图7-8　投入淀粉

图7-9　淀粉溶液

③ 将烧杯放到电炉上，边加热边搅拌（图7-10），进行无限溶胀，直至淀粉完全溶解成均相（图7-11、图7-12），关闭电炉。

图7-10　边加热边搅拌

图7-11　无限溶胀的淀粉溶液（1）

图7-12　无限溶胀的淀粉溶液（2）

④ 待溶液冷却，观察现象，描述外观（图7-13、图7-14）。

图7-13　10%淀粉浆（1）

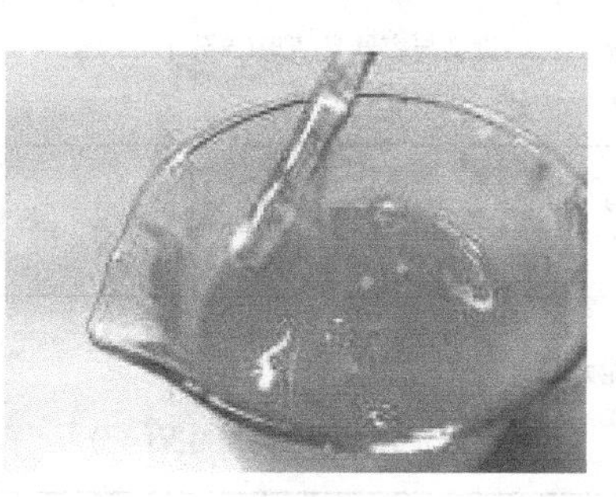

图7-14　10%淀粉浆（2）

3. 分剂量、包装

将配好的药液按20g/瓶规格进行分剂量，转移至试剂瓶中，贴上标签，标签上需注明产品名称、规格、批号、生产日期、操作人及复核人名字。

（六）清场

规范完成清场并填写清场记录。

清场记录单

内容	流程	是否完成（√）
设备、容器具及环境清理	按清洁工艺规程清洁质检设备、容器及用具	
	清理室内环境卫生	
物料清理	将生产所用物料放回指定区域	
	将生产产品转至物料暂存间相应区域	
清场人：__________、__________		

（七）任务评价

评价内容	评价标准	得分	扣分原因
课前任务（10分）	（1）能读懂工作任务单，描述淀粉浆的制备方法、分类及各自特点（5分） （2）完成课前任务（5分）		
过程操作（40分）	（1）能规范使用称量仪器，并按SOP称取、量取物料（10分） （2）能正确使用煮浆法配制10%淀粉浆（溶胀过程规范，10分） （3）能正确使用冲浆法配制10%淀粉浆（溶胀过程规范，10分） （4）能规范进行分剂量操作（5分） （5）能规范进行包装操作（5分）		
产品情况（20分）	（1）无色透明的黏稠性浆状液体（10分） （2）剂量准确（5分） （3）包装、标签规范（5分）		
清场情况（10分）	（1）设备与容器具清理（5分） （2）物料清理（5分）		
记录填写（10分）	记录填写完整、规范，无涂改（10分）（每涂改一处扣一分）		
职业核心能力（10分）	（1）着装是否符合要求（3分） （2）是否存在安全隐患（3分） （3）小组分工、合作、纪律情况（4分）		

任务五　液体石蜡乳的制备与类型鉴别

一、核心概念

1. 乳剂

乳剂亦称乳浊液，系指两种互不相溶的液体混合，其中一种液体以细小液滴状态分散于另一种液体中形成的非均相液体制剂。一般分散相的液滴直径在 0.1 ～ 10 μm，但大的可达到 50 ～ 100 μm。

2. 乳剂的组成与类型

（1）组成　乳剂是由水相、油相和乳化剂三部分组成。

（2）类型　乳剂的类型有水包油型（O/W 型）、油包水型（W/O 型）、复合型乳剂（W/O/W 型或 O/W/O 型）。

3. 乳化剂

在乳剂制备过程中，为使乳剂易于形成并保持稳定而加入的物质称为乳化剂。乳化剂的种类及性质决定乳剂的类型。按性质不同，分为天然乳化剂、合成乳化剂、固体微粒类乳化剂。

（1）天然乳化剂　一般为高分子化合物，其主要特点是亲水性较强，为 O/W 型乳化剂。常用品种有阿拉伯胶、西黄蓍胶、磷脂、明胶、其他天然乳化剂（杏树胶、胆固醇、海藻酸钠、琼脂）等。

（2）合成乳化剂　为表面活性剂，乳化能力强，性质稳定，应用广泛。常用聚山梨酯类（即吐温类，为 O/W 型乳化剂）、脂肪酸山梨坦类（即司盘类，为 W/O 型乳化剂）和肥皂类等。

（3）固体微粒类乳化剂　O/W 型乳化剂有氢氧化镁、氢氧化铝、二氧化硅和硅皂土等；W/O 型乳化剂有氢氧化钙、氢氧化锌、硬脂酸镁等。

二、学习目标

1. 能读懂工作任务单，描述乳剂的制备方法与注意事项；完成课前任务。
2. 能规范使用称量仪器，并按 SOP 称取、量取物料。
3. 能使用胶溶法制备乳剂。
4. 能正确进行分剂量、包装操作。
5. 能正确鉴别乳剂类型。
6. 按照规程完成清场工作。
7. 能小组合作，完成批记录填写，自我评价总结。

三、基本知识

1. 制备方法

乳剂的制备方法有胶溶法（干胶法和湿胶法）、新生皂法、机械法和两相交替加入法等。

（1）胶溶法

① 干胶法：系指将水相加到含有乳化剂的油相中，即先将胶粉与油按一定的比例混合，再加入一定量的水，研磨乳化制成初乳，再在研磨或搅拌下逐渐加水至全量。

② 湿胶法：系指将油相加到含有乳化剂的水相中，即先将胶粉溶于水中制成胶浆作为水相，再将油相分次加到水相中，研磨制成初乳，再在研磨或搅拌下逐渐加水至全量。

（2）新生皂法　系指利用制备时植物油中的有机酸与碱反应生成的肥皂作乳化剂，通过振摇或搅拌制成乳剂的方法。

（3）机械法　系指采用高速搅拌机、胶体磨等乳化器械制备乳剂的方法。一般将油、水、乳化剂同时加入乳化器械中，乳化即可。此法常用于大量制备乳剂。

（4）两相交替加入法　系指将水和油分次少量交替加入乳化剂中，边加边搅拌或研磨制成乳剂的方法。用天然胶类、固体微粒作乳化剂时可用此法制备乳剂。

2. 乳化器械

小量乳剂可在乳钵（图 7-15）中用手研磨或在瓶中振摇制得，大量生产则用搅拌机（图 7-16）、乳匀机（图 7-17）或胶体磨（图 7-18）制备。

图 7-15　乳钵

图 7-16　搅拌机

图 7-17　乳匀机

图7-18　胶体磨

3. 乳剂类型的鉴别

鉴别方法	O/W 型	W/O 型
颜色	通常为乳白色	与油的颜色近似
稀释法	可被水稀释	可被油稀释
导电法	导电	不导电或几乎不导电
染色法(水性/油性染料)	外相被水性染料均匀染色	外相被油性染料均匀染色

4. 液体石蜡乳的外观、用途及制备要点

（1）外观　乳白色均质液体。

（2）用途　本品为轻泻剂，用于治疗便秘，尤其适用于高血压、动脉瘤、痔以及手术后便秘的患者，可以减轻患者排便的痛苦。

（3）制备要点

① 初乳中，油、水、胶有一定的比例。若用植物油，其比例为4∶2∶1；若用挥发油，其比例为2∶2∶1；若用液体石蜡，其比例为3∶2∶1。

② 干胶法制备时，乳钵应干燥，比例量的水应一次加入，快速、用力沿同一方向不断研磨至生成乳白色初乳。

③ 湿胶法制备时，油应分次加入，乳化完全后再加第二次。

④ 初乳生成的判断依据是稠厚的乳白色乳状液，研磨至初乳生成时会发出噼啪声。初乳制成后方可加水稀释。

四、能力训练

工作任务单

组别＿＿＿＿＿　姓名＿＿＿＿＿＿、＿＿＿＿＿＿

（一）问题情境

我院药企合作单位接到E企业订单，需要在规定时间内生产一批液体石蜡乳。

生产指令单

指令编号：QGYXX-2025-5-6　　产品名称：液体石蜡乳

产品代码：YTSLR-01　　规格：30mL/瓶

批号：20250520　　批量：5瓶

生产部签发人：张三　　签发日期：2025年5月14日

批准人：李四　　批准日期：2025年5月16日

液体制剂车间于2025年5月20日开始生产上述品种，于2025年5月21日结束。

（二）课前任务

1. 查找资料，学习液体石蜡乳的处方组成及功效。

液体石蜡乳的常见处方组成为：
液体石蜡乳的功效是：

2. 复习药物制剂技术课程相关知识，回顾乳剂的制备方法。

乳剂的制备方法有：

3. 复习药物制剂技术课程相关知识，回顾胶溶法制备乳剂的注意事项。

胶溶法制备乳剂的注意事项为：

（三）原辅料投料量

名称	生产厂家	批号	单位	数量
液体石蜡	ABC 药业有限公司	20250328	mL	60
阿拉伯胶	EF 药用辅料有限公司	20250123	g	20
纯化水	学院实训中心	当日	mL	适量

（四）物料的领取及生产配料领料单填写

品名		规格		批号	
批生产数量		计划生产周期		指令编号	
物料名称	物料批号	供应商名称	计划领料量	实际领料量	
备注：					
领料人		领料日期		发料人	

（五）生产 SOP 及批记录填写

液体石蜡乳

【处方】

液体石蜡　　60mL

阿拉伯胶　　20g

纯化水　　适量

共制　　150 mL

1. 物料的取用

① 用量筒量取液体石蜡，记录数据。

② 用托盘天平称取阿拉伯胶，记录数据。

序号	物料名称	物料批号		领取用量/g(或/mL)	
操作人		操作日期		复核人	

2. 乳剂的配制

乳剂的制备方法有胶溶法（干胶法和湿胶法）、新生皂法、机械法和两相交替加入法等。本次实训课分别采用干胶法与湿胶法制备液体石蜡乳。

（1）干胶法制备　将阿拉伯胶粉置于干燥的乳钵中，加入液体石蜡轻搅使胶粉分散均匀，加入纯化水适量研磨至初乳生成，再加纯化水至全量，搅匀，即得。

配制体积记录：V（1）=______mL；产品外观描述（1）：______________

（2）湿胶法制备　取适量纯化水与胶粉在乳钵中制成胶浆，分次加入液体石蜡，研磨至初乳生成，再加纯化水至全量，搅匀，即得。

配制体积记录：V（2）=______mL；产品外观描述（2）：______________

3. 分剂量、包装

将配好的药液按 30mL/瓶的规格进行分剂量，转移至试剂瓶中，贴上标签，标签上需注明产品名称、规格、批号、生产日期、操作人及复核人名字。

4. 乳剂类型的鉴别

（1）乳剂外观鉴别

外观颜色：______________　乳剂类型：______________

（2）稀释法鉴别

加水稀释后的现象：______________　乳剂类型：______________

（3）染色法鉴别

① 将适量液体石蜡乳置于载玻片（图 7-19）上，用苏丹红染色，显微镜（图 7-20）下观察结果并判断乳剂类型。

图7-19　载玻片与盖玻片

图7-20　显微镜

现象：______________　乳剂类型：______________

② 将适量液体石蜡乳置于载玻片上，用亚甲蓝染色，显微镜下观察结果并判断乳剂类型。

现象：______________　乳剂类型：______________

（六）清场

规范完成清场并填写清场记录。

清场记录单

内容	流程	是否完成（√）
设备、容器具及环境清理	按清洁工艺规程清洁质检设备、容器及用具	
	清理室内环境卫生	
物料清理	将生产所用物料放回指定区域	
	将生产产品转至物料暂存间相应区域	
清场人：__________、__________		

（七）任务评价

评价内容	评价标准	得分	扣分原因
课前任务（10分）	（1）能读懂工作任务单，描述乳剂的制备方法及注意事项（5分） （2）出色完成课前任务（5分）		
过程操作（40分）	（1）能规范使用称量仪器，并按SOP称取、量取物料（4分） （2）能正确使用干胶法制备乳剂（物料加入顺序正确，初乳中油水胶比例正确，8分） （3）能正确使用湿胶法制备乳剂（物料加入顺序正确，初乳中油水胶比例正确，8分） （4）转移与定容正确，数据记录与产品外观描述正确（4分） （5）能规范进行分剂量操作（3分） （6）能规范进行包装操作（3分） （7）能正确鉴别乳剂类型（三种方法鉴别，10分）		
产品情况（20分）	（1）初乳为稠厚的乳白色乳状液（5分） （2）产品为乳白色均质液体（5分） （3）剂量准确（5分） （4）包装、标签规范（5分）		
清场情况（10分）	（1）设备与容器具清理（5分） （2）物料清理（5分）		
记录填写（10分）	记录填写完整、规范，无涂改（10分）（每涂改一处扣一分）		
职业核心能力（10分）	（1）着装是否符合要求（3分） （2）是否存在安全隐患（3分） （3）小组分工、合作、纪律情况（4分）		

任务六　石灰搽剂的制备与类型鉴别

一、学习目标

1. 能读懂工作任务单，描述新生皂法制备乳剂的原理及乳剂的鉴别方法；完成课前任务。

2. 能规范使用称量仪器，并按 SOP 取用物料。

3. 能使用新生皂法制备乳剂。

4. 能正确进行分剂量、包装操作。

5. 能正确鉴别乳剂类型。

6. 按照操作规程完成清场工作。

7. 能小组合作，完成批记录填写，自我评价总结。

二、基本知识

1. 制备方法

乳剂的制备方法有胶溶法（干胶法和湿胶法）、新生皂法、机械法和两相交替加入法等。本次任务采用新生皂法制备。新生皂法系指利用制备时植物油中的有机酸与碱反应生成的肥皂作乳化剂，通过振摇或搅拌制成乳剂的方法。

2. 乳化器械

小量乳剂可在乳钵中用手研磨或在瓶中振摇制得，大量生产则用搅拌机、乳匀机或胶体磨制备。

3. 石灰搽剂的外观、用途及制备要点

（1）外观　本品为乳黄色均匀乳状液。

（2）用途　本品外用于烫伤。

（3）制备要点　花生油和氢氧化钙溶液混合时应用力振摇。

三、能力训练

工作任务单

组别 __________ 姓名 ___________、___________

（一）问题情境

我院药企合作单位接到 F 企业订单，需要在规定时间内生产一批石灰搽剂。

生产指令单

指令编号：QGYXX-2025-5-7　　产品名称：石灰搽剂

产品代码：SHCJ-01　　规格：20mL/瓶

批号：20250522　　批量：3瓶

生产部签发人：张三　　签发日期：2025年5月17日

批准人：李四　　批准日期：2025年5月18日

液体制剂车间于2025年5月22日开始生产上述品种，于2025年5月23日结束。

（二）课前任务

1. 查找资料，学习石灰搽剂的处方组成及功效。

石灰搽剂的常见处方组成为：
石灰搽剂的功效是：

2. 复习药物制剂技术课程相关知识，回顾新生皂法制备乳剂的原理。

新生皂法制备乳剂原理：

3. 复习药物制剂技术课程相关知识，回顾乳剂的鉴别方法。

乳剂的鉴别方法有：

（三）原辅料投料量

名称	生产厂家	批号	单位	数量
花生油	ABC药业有限公司	20250328	mL	50
氢氧化钙溶液	EF药用辅料有限公司	20250123	mL	50

（四）物料的领取及生产配料领料单填写

品名		规格		批号	
批生产数量		计划生产周期		指令编号	
物料名称	物料批号	供应商名称	计划领料量	实际领料量	
备注：					
领料人		领料日期		发料人	

（五）生产 SOP 及批记录填写

石灰搽剂

【处方】

氢氧化钙溶液　　50mL

花生油　　50mL

1. 物料的量取

用量筒分别量取花生油 50mL、氢氧化钙溶液 50mL，并记录数据。

序号	物料名称	物料批号		领取用量 /mL	
操作人		操作日期		复核人	

2. 乳剂配制

本次任务，石灰搽剂采用新生皂法制备。取花生油溶液和氢氧化钙溶液各 50mL，置具塞量筒中（图 7-21），密塞，用力振摇至乳剂生成，所得产品外观如图 7-22 所示。

配制体积记录：V=________mL

产品外观描述：________________________________

图7-21　具塞量筒

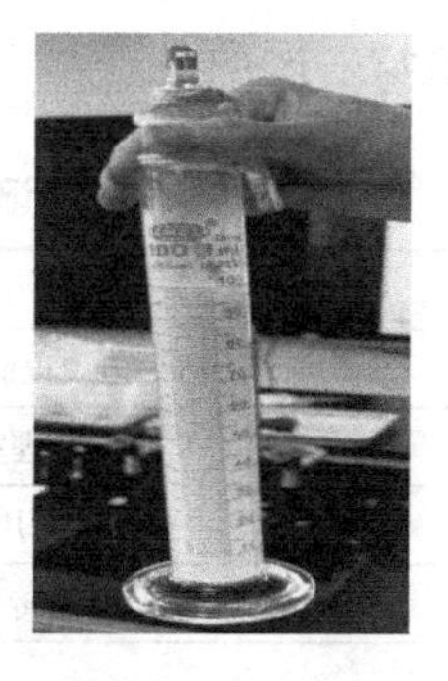

图7-22　石灰搽剂

3. 分剂量、包装

将配好的药液按 20mL/ 瓶的规格进行分剂量，转移至试剂瓶中（图 7-23），贴上标签，标签上需注明产品名称、规格、批号、生产日期、操作人及复核人名字。

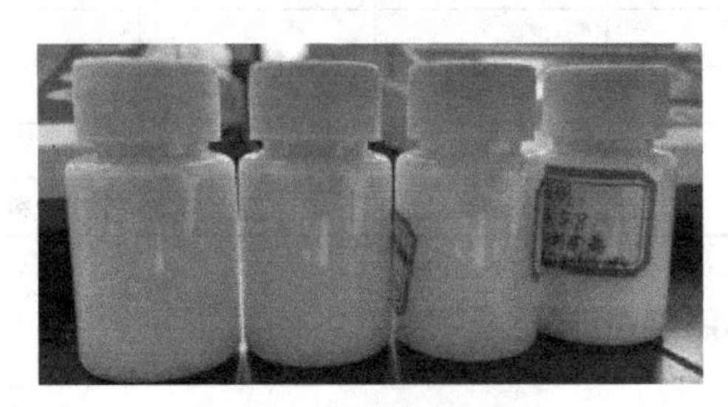

图7-23　石灰搽剂成品

4. 乳剂类型的鉴别

具体鉴别方法参考任务五"基本知识"。

（1）乳剂外观鉴别

外观颜色：________________　乳剂类型：________________

（2）稀释法鉴别

加水稀释后的现象：________________　乳剂类型：________________

（3）染色法鉴别

① 取适量石灰搽剂置于载玻片上，用苏丹红染色，显微镜下观察结果并判断乳剂类型。

现象：________________　乳剂类型：________________

② 取适量石灰搽剂置于载玻片上，用亚甲蓝染色，显微镜下观察结果并判断乳剂类型。

现象：________________　乳剂类型：________________

（六）清场

规范完成清场并填写清场记录。

清场记录单

内容	流程	是否完成(√)
设备、容器具及环境清理	按清洁工艺规程清洁质检设备、容器及用具	
	清理室内环境卫生	
物料清理	将生产所用物料放回指定区域	
	将生产产品转至物料暂存间相应区域	
清场人：__________、__________		

（七）任务评价

评价内容	评价标准	得分	扣分原因
课前任务（10分）	（1）能读懂工作任务单，描述新生皂法制备乳剂的原理及乳剂鉴别方法（5分） （2）完成课前任务（5分）		
过程操作（40分）	（1）能规范使用称量仪器，并按SOP取用物料（6分） （2）能正确使用新生皂法制备乳剂（10分） （3）数据记录与产品外观描述正确（4分） （4）能规范进行分剂量操作（5分） （5）能规范进行包装操作（5分） （6）能正确鉴别乳剂类型（三种方法鉴别，10分）		
产品情况（20分）	（1）乳黄色均匀乳状液（10分） （2）剂量准确（5分） （3）包装、标签规范（5分）		
清场情况（10分）	（1）设备与容器具清理（5分） （2）物料清理（5分）		
记录填写（10分）	记录填写完整、规范，无涂改（10分）（每涂改一处扣一分）		
职业核心能力（10分）	（1）着装是否符合要求（3分） （2）是否存在安全隐患（3分） （3）小组分工、合作、纪律情况（4分）		

任务七　炉甘石洗剂的制备与质量检测

7-3　混悬型液体制剂的制备

一、核心概念

1. 混悬剂

混悬剂是指难溶性固体药物从微粒状态分散在液体分散介质中制成的非均相液体制剂。混悬剂固体微粒一般为0.5～10μm，但凝聚体的粒子可小到0.1μm，大到50μm。混悬剂的分散介质多为水，也可用植物油。

2. 沉降体积比

沉降体积比（F）系指混悬剂经静置一定时间（3小时）后沉降物的体积（H）与沉降前混悬剂的体积（H_0）之比。$F=H/H_0$。

3. 稳定剂

为了增加混悬剂的稳定性，应加入适当的稳定剂，常用的有助悬剂、润湿剂、絮凝剂与反絮凝剂。

（1）助悬剂

① 高分子物质，如阿拉伯胶、西黄蓍胶、羧甲基纤维素钠、聚维酮等。

② 低分子物质，如甘油、糖浆等。

③ 触变胶，如2%单硬脂酸铝在植物油中可形成触变胶。

（2）润湿剂　常用种类：聚山梨酯类、肥皂类等。甘油、乙醇等也有一定的润湿作用。

（3）絮凝剂与反絮凝剂　常用种类：枸橼酸盐、酒石酸盐、磷酸盐及氯化物（如三氯化铝）等。

二、学习目标

1. 能读懂工作任务单，描述分散法制备混悬剂的工艺流程、混悬剂的质量评价项目及方法；完成课前任务。

2. 能规范使用称量设备，并按SOP称取、量取物料。

3. 能正确使用溶解法制备高分子助悬剂。

4. 能正确使用分散法制备混悬剂。

5. 能正确进行分剂量、包装操作。

6. 能规范使用具塞量筒，并按SOP进行沉降体积比的测定。

7. 能按操作规程进行重新分散试验。

8. 按照操作规程完成清场工作。

9. 能小组合作，完成批记录填写，自我评价总结。

三、基本知识

1. 混悬剂质量要求

① 药物颗粒应均匀细腻，大小适宜。

② 微粒沉降缓慢，沉降后不结块，振摇时能迅速分散均匀。

③ 有一定的黏稠度，不黏器壁，外用者易涂布。

④ 标签上应注明“用前摇匀”。

⑤ 剂量小的药物或毒、剧药物不宜制成混悬剂。

2. 制备方法

混悬剂的制备方法有分散法和凝聚法，本次任务采用分散法制备。

（1）分散法　将固体药物粉碎成符合混悬剂要求的微粒，再分散于分散介质中制成混悬剂。小量制备可用乳钵，大量生产时可用乳匀机、胶体磨等器械。具体操作流程如下。

称量→粉碎→加入稳定剂→均化→质检→包装→贮存

（2）凝聚法　借助物理方法或化学方法将离子或分子状态的药物在分散介质中聚集制成混悬剂。分为物理凝聚法和化学凝聚法。

3. 炉甘石洗剂（图 7-24）的外观、用途及制备要点

（1）外观　本品为粉红色均匀混悬液。

（2）用途　本品具有保护、收敛、杀菌作用。用于皮肤炎症，如出血性丘疹、湿疹、亚急性皮炎等。

（3）制备要点

① 亲水性药物如氧化锌、炉甘石等，一般采用加液研磨法，即将药物粉碎到一定细度，再加适量处方中液体研磨到适宜的分散度，最后加入处方中的剩余液体至全量研磨均匀。加液研磨可使粉碎过程易于进行。加入的液体量一般为一份药物加 0.4 ～ 0.6 份液体，以能研成糊状为度。

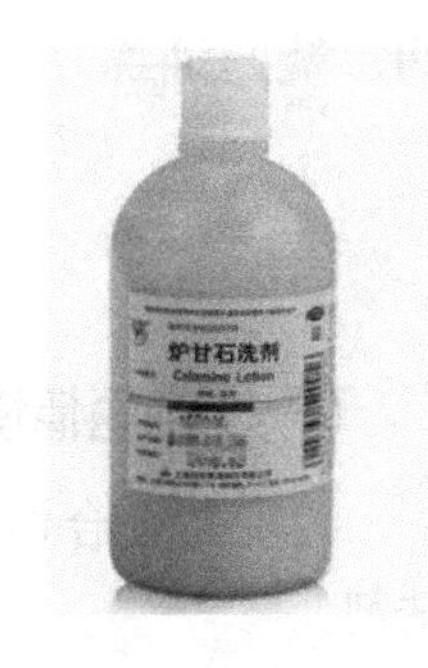

图7-24　炉甘石洗剂

② 炉甘石、氧化锌微粒在水中均带负电，有相互排斥作用。可加少量三氯化铝为絮凝剂或加枸橼酸钠作反絮凝剂以增加其稳定性；甘油有润湿、助悬作用；羧甲基纤维素钠有助悬作用；纯化水为分散介质。

③ 炉甘石洗剂中含有少量氧化铁，故本制剂为淡红色。

④ 氧化锌有轻质和重质两种，宜选用轻质者。

4. 混悬剂的质量评价

（1）微粒大小的测定　混悬剂中微粒大小与混悬剂的质量、稳定性、生物利用度和药效有关。因此测定混悬剂中的微粒大小、分布情况，是对混悬剂进行质量评价的重要指标。可采用显微镜法、库尔特计数法、浊度法、光散射法等进行测定。

（2）沉降体积比（F）的测定　《中国药典》（2020 年版）规定口服混悬剂的沉降体积比检查法为：除另有规定外，用具塞量筒量取供试品 50mL，密塞，用力振摇 1 分钟，记下混悬物的开始高度 H_0，静置 3 小时，记下混悬物的最终高度 H，用下式计算：

$$F=H/H_0$$

式中，F 为沉降体积比，其值在 0 ～ 1 之间，F 值愈大混悬剂愈稳定。测定混悬剂的沉降体积比，可比较两种混悬剂的稳定性，也可用于评定稳定剂的稳定效果以及比较处方的优劣。现行版《中国药典》规定，口服混悬剂（包括干混悬剂）的沉降体积比应不低于 0.90。

（3）重新分散试验　优良的混悬剂经储存后再经振摇，沉降物应能很快重新分散，如此才能保证服用时混悬剂的均匀性和药物剂量的准确性。重新分散试验的方法是将混悬剂置于 100mL 的具塞量筒内，放置沉降，然后以 20r/min 的速度转动一定时间，直至量筒中的沉降物重新分散均匀。重新分散所需的转动次数愈少，说明混悬剂的再分散性愈好。

（4）絮凝度的测定　絮凝度是比较混悬剂絮凝程度的重要参数，用于评定絮凝剂的效果，预测混悬剂的稳定性。絮凝度用下式表示：

$$B=F/F_{\infty}=(H/H_0)/(H_{\infty}/H_0)=H/H_{\infty}$$

式中，F 为絮凝混悬剂的沉降体积比；F_{∞} 为无絮凝混悬剂的沉降体积比；B 表示由絮凝作用引起的沉降体积增加的倍数。B 值愈大，絮凝效果愈好。

四、能力训练

工作任务单

组别＿＿＿＿＿＿姓名＿＿＿＿＿＿、＿＿＿＿＿＿

（一）问题情境

我院药企合作单位接到 G 企业订单，需要在规定时间内生产一批炉甘石洗剂。

生产及检验指令单

指令编号：QGYXX-2025-5-8　　产品名称：炉甘石洗剂

产品代码：LGSXJ-01　　规格：40mL/瓶

批号：20250526　　批量：6 瓶

生产部签发人：张三　　签发日期：2025 年 5 月 19 日

批准人：李四　　批准日期：2025 年 5 月 21 日

液体制剂车间于 2025 年 5 月 26 日开始生产上述品种，于 2025 年 5 月 26 日结束。

QC 检验室于 2025 年 5 月 27 日开始检测上述品种，于 2025 年 5 月 27 日结束。

（二）课前任务

1. 查找资料，学习炉甘石洗剂的处方组成及功效。

炉甘石洗剂的常见处方组成为：
炉甘石洗剂的功效是：

2. 复习药物制剂技术课程相关知识，回顾分散法制备混悬剂的工艺流程。

分散法制备混悬剂的工艺流程为：

3. 复习药物制剂技术课程相关知识，回顾混悬剂的质量评价项目及方法。

混悬剂的质量评价项目及方法：

（三）原辅料投料量

名称	生产厂家	批号	单位	数量
炉甘石	ABC 药业有限公司	20250328	g	20
氧化锌	ABC 药业有限公司	20250123	g	20
甘油	EF 药用辅料有限公司	20250220	mL	25
CMC-Na	EF 药用辅料有限公司	20250111	g	1.25
纯化水	学院实训中心	当日	mL	适量

（四）物料的领取及生产配料领料单填写

品名		规格		批号	
批生产数量		计划生产周期		指令编号	
物料名称	物料批号	供应商名称	计划领料量	实际领料量	
备注：					
领料人		领料日期		发料人	

（五）生产 SOP 及批记录填写

炉甘石洗剂

【处方】

炉甘石　　　　20g
氧化锌　　　　20g
甘油　　　　　25mL
羧甲基纤维素钠　1.25g
纯化水　　　　适量
共制　　　　　250mL

1. 物料的取用

用电子天平称取羧甲基纤维素钠 1.25g，用托盘天平分别称取过 100 目筛的炉甘石 20g、氧化锌 20g，用量筒量取甘油 25mL，并记录数据。

序号	物料名称	物料批号		领取用量 /g	
操作人		操作日期		复核人	

2. 制备助悬剂

羧甲基纤维素钠胶浆是一种常见的高分子溶液剂，制备多采用溶解法，溶解要经过有限溶胀与无限溶胀。无限溶胀过程常需要加以搅拌或加热才能完成。

称取羧甲基纤维素钠 1.25g，分次加入 50mL 热纯化水中，轻加搅拌使其溶解，搅匀即得。

产品外观描述：________________________

3. 制备混悬剂

称取过 100 目筛的炉甘石、氧化锌于研钵中（图 7-25），加甘油及适量纯化水研磨至糊状后（图 7-26～图 7-28），另取羧甲基纤维素钠胶浆分次加入上述糊状液中，随加随研，转入量杯中，最后加纯化水至全量（250mL），搅匀，即得。

配制体积记录：V=________mL

产品外观描述：________________________

图7-25　过筛

图7-26　加甘油

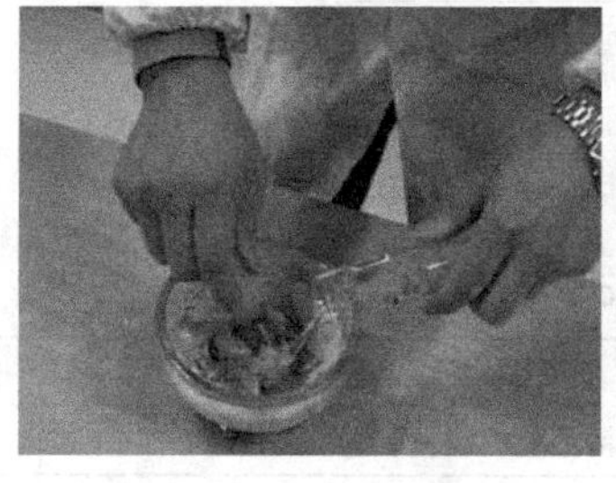

图7-27　加适量纯化水

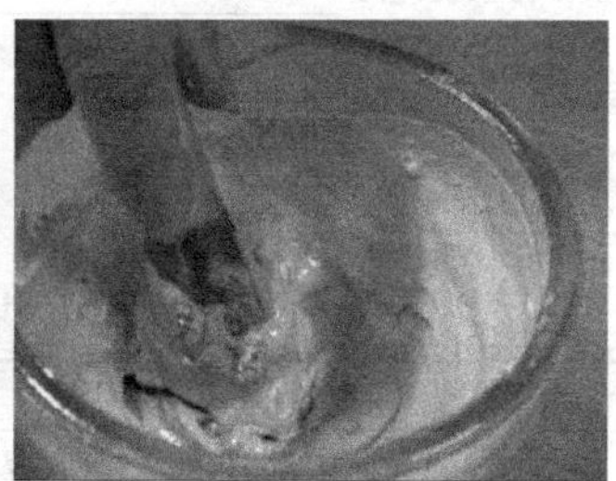

图7-28　研磨

4. 分剂量、包装

将配好的药液按 40mL/ 瓶的规格进行分剂量，转移至试剂瓶中，贴上标签，标签上需注明产品名称、规格、批号、生产日期、操作人及复核人名字。

（六）检验 SOP 及记录填写

1. 沉降体积比的测定

将炉甘石洗剂倒入有刻度的 50mL 具塞量筒中，密塞，用力振摇 1min，记录混悬液的开始高度 H_0，放置并按下表所规定的时间测定沉降物的高度 H，计算各个放置时间的沉降体积比，记录。沉降体积比在 0 ～ 1 之间，其数值越大，混悬剂越稳定，一般不低于 0.9。

F（90min）=______________

沉降体积比检测结论：______________________

项目	时间				
	5min	15min	30min	60min	90min
H_0					
H					
H/H_0					

2. 重新分散试验

将混悬剂置于具塞量筒中，分别放置沉降 5min、15min、30min、60min、

90min，将量筒倒置翻转，记录沉降物完全分散所需次数。重新分散所需次数越少，说明混悬剂的再分散性越好。

项目	时间				
	5min	15min	30min	60min	90min
翻转次数					
再分散性					

重新分散试验结论：____________________

（七）清场

规范完成清场并填写清场记录。

清场记录单

内容	流程	是否完成（√）
设备、容器具及环境清理	按清洁工艺规程清洁质检设备、容器及用具	
	清理室内环境卫生	
物料清理	将生产所用物料放回指定区域	
	将生产产品转至物料暂存间相应区域	
清场人：__________、__________		

（八）任务评价

评价内容	评价标准	得分	扣分原因
课前任务（10分）	（1）能读懂工作任务单，描述分散法制备混悬剂的工艺流程、混悬剂的质量评价项目及方法（5分） （2）出色完成课前任务（5分）		
过程操作（40分）	（1）能规范使用称量仪器，并按SOP称取、量取物料（5分） （2）能正确制备助悬剂（溶胀过程规范，并得到均匀透明的胶液，5分） （3）能正确使用分散法制备混悬剂（物料加入顺序正确，加液研磨过程正确，10分） （4）转移与定容正确，数据记录与产品外观描述正确（4分） （5）能规范进行分剂量操作（3分） （6）能规范进行包装操作（3分） （7）能按操作规程测定沉降体积比（5分） （8）能按操作规程进行重新分散试验（5分）		
产品情况（25分）	（1）粉红色均匀混悬液（10分） （2）剂量准确（3分） （3）包装、标签规范（3分） （4）沉降体积比不低于0.90（5分） （5）重新分散转动次数少（4分）		
清场情况（10分）	（1）设备与容器具清理（5分） （2）物料清理（5分）		

续表

评价内容	评价标准	得分	扣分原因
记录填写（5分）	记录填写完整、规范，无涂改（5分）（每涂改一处扣一分）		
职业核心能力（10分）	（1）着装是否符合要求（3分） （2）是否存在安全隐患（3分） （3）小组分工、合作、纪律情况（4分）		

综合考核：胃蛋白酶合剂的制备

工作任务单

组别 ________ 姓名 __________、__________

一、问题情境

我院药企合作单位接到H企业订单，需要在规定时间内生产一批胃蛋白酶合剂。

生产指令单

指令编号：QGYXX-2025-5-9　　产品名称：胃蛋白酶合剂

产品代码：WDBMHJ-01　　规格：50mL/瓶

批号：20250529　　批量：4瓶

生产部签发人：张三　　签发日期：2025年5月20日

批准人：李四　　批准日期：2025年5月22日

液体制剂车间于2025年5月29日开始生产上述品种，于2025年5月30日结束。

二、原辅料投料量

名称	生产厂家	批号	单位	数量
含糖胃蛋白酶	ABC药业有限公司	20250328	g	4
稀盐酸	EF药用辅料有限公司	20250123	mL	4
单糖浆	EF药用辅料有限公司	20250220	mL	20
橙皮酊	EF药用辅料有限公司	20250111	mL	4
羟苯乙酯溶液（5%）	EF药用辅料有限公司	20250212	mL	2
纯化水	学院实训中心	当日	mL	适量

三、物料的领取及生产配料领料单填写

品名		规格		批号	
批生产数量		计划生产周期		指令编号	
物料名称	物料批号	供应商名称	计划领料量	实际领料量	
备注：					
领料人		领料日期		发料人	

四、生产SOP及批记录填写

胃蛋白酶合剂

【处方】

含糖胃蛋白酶（1∶1200）　4g

稀盐酸　4mL

单糖浆　20mL

橙皮酊　4mL

羟苯乙酯溶液（5%）　2mL

纯化水　适量

共制　200mL

1. 物料的取用

① 用托盘天平称取含糖胃蛋白酶 4g，记录。

② 用量筒分别量取稀盐酸 4mL、单糖浆 20mL、橙皮酊 4mL、羟苯乙酯溶液（5%）2mL。

序号	物料名称	物料批号		领取用量 /g（或 /mL）	
操作人		操作日期		复核人	

2. 溶液的配制

胃蛋白酶合剂是一种常见的高分子溶液剂，制备多采用溶解法，溶解要经过有限溶胀与无限溶胀。首先水分子慢慢进入高分子化合物分子间隙中，与高分子中的亲水基团发生水化作用而使其体积逐渐膨胀，使高分子空隙间充满了水分子，此过程称为有限溶胀过程。随着溶胀过程的继续进行，最后高分子化合物完全分散在水中形成高分子溶液，此过程称为无限溶胀过程。

制备注意事项：

（1）影响胃蛋白酶活性的主要因素是pH，胃蛋白酶在pH 1.5～2.5时活性最大，故加稀盐酸调节pH。但胃蛋白酶不得与稀盐酸直接混合，因含盐酸量超过0.5%时，胃蛋白酶的活性被破坏。故须加纯化水稀释后配制。

（2）溶解胃蛋白酶时，应将其撒在液面上，静置使其充分吸水膨胀，再缓缓摇匀即得。不得用热水配制，亦不能剧烈搅拌，以免影响活力。

（3）本品不宜滤过。如必须滤过时，滤材需先用相同浓度的稀盐酸润湿，以饱和滤材表面电荷，消除对胃蛋白酶活性的影响，然后滤过。

配制过程：取约160mL的纯化水加稀盐酸、单糖浆搅匀，缓缓加入橙皮酊、5%羟苯乙酯溶液，随加随搅拌，将胃蛋白酶分次撒在液面上，待其自然膨胀溶解，再加纯化水至200mL，轻轻混匀，即得。

配制体积记录：V=________mL

产品外观描述：________________________

3. 分剂量、包装

将配好的药液按50mL/瓶的规格进行分剂量，转移至试剂瓶中，贴上标签，标签上需注明产品名称、规格、批号、生产日期、操作人及复核人名字。

五、清场

规范完成清场并填写清场记录。

清场记录单

内容	流程	是否完成（√）
设备、容器具及环境清理	按清洁工艺规程清洁质检设备、容器及用具	
	清理室内环境卫生	
物料清理	将生产所用物料放回指定区域	
	将生产产品转至物料暂存间相应区域	
清场人：__________、__________		

六、任务评价

评价内容	评价标准	得分	扣分原因
生产前准备工作（10分）	（1）正确读懂生产指令单（5分） （2）正确领取物料，规范填写领料单（5分）		
过程操作（40分）	（1）能规范使用称量仪器，并按SOP称取、量取物料（10分） （2）能按操作规程配制药液。（物料加入顺序正确，溶胀过程规范，不得剧烈搅拌或加热，15分） （3）转移与定容正确，充分混匀（4分） （4）数据记录与产品外观描述正确（5分） （5）能规范进行分剂量操作（3分） （6）能规范进行包装操作（3分）		
产品情况（20分）	（1）棕色均匀液体（10分） （2）剂量准确（5分） （3）包装、标签规范（5分）		
清场情况（10分）	（1）设备与容器具清理（5分） （2）物料清理（5分）		
记录填写（10分）	记录填写完整、规范，无涂改（10分）（每涂改一处扣一分）		
职业核心能力（10分）	（1）着装是否符合要求（3分） （2）是否存在安全隐患（3分） （3）小组分工、合作、纪律情况（4分）		

项目八　小体积注射剂的制备与质量检测

任务一　维生素C注射液的制备

一、核心概念

1. 注射剂

注射剂系指原料药物或与适宜的辅料制成的供注入体内的无菌制剂。《中国药典》（2020 年版）把注射剂分为注射液、注射用无菌粉末与注射用浓溶液三类。按分散系统，注射剂可分为溶液型注射剂、乳状液型注射剂、混悬型注射剂与注射用无菌粉末。

2. 小体积注射剂

小体积注射剂，也称水针剂，系指装量小于 50mL 的注射剂。

3. 注射剂的附加剂

配制注射剂时，可根据药物的性质加入适宜的附加剂，如抑菌剂、pH 调节剂、等渗调节剂、抗氧剂、金属络合剂、惰性气体、增溶剂与助溶剂、局部止痛剂、乳化剂、助悬剂和延效剂等。

二、学习目标

1. 能读懂工作任务单，描述注射剂的制备工艺流程、维生素 C 注射液制备的注意事项；完成课前任务。
2. 能规范使用称量仪器，并按 SOP 称取、量取物料。
3. 能按 SOP 进行配液、滤过与灌封操作。
4. 能按 SOP 进行灭菌与检漏操作。
5. 能按 SOP 进行印字与包装操作。
6. 按照操作规程完成清场工作。
7. 能小组合作，完成批记录填写，自我评价总结。

三、基本知识

（一）制备方法

生产过程（图 8-1）主要包括：注射用水的制备；安瓿的洗涤、干燥与灭菌；原辅料的准备、配制、滤过、灌封；灭菌、检漏、质量检查、印字包装等步骤。

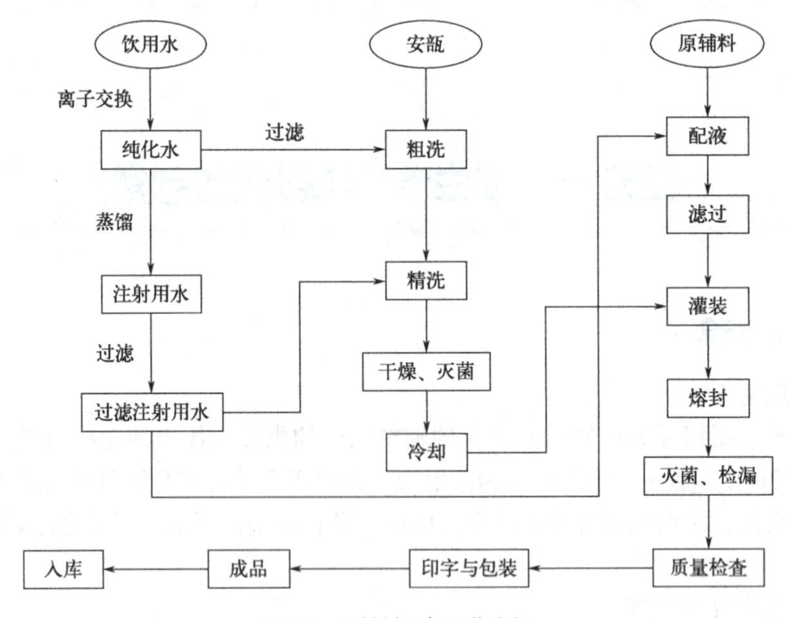

图8-1　注射剂制备工艺流程

1. 注射剂容器

（1）注射剂常用容器有玻璃安瓿、玻璃瓶、塑料瓶（袋）等。

（2）安瓿的洗涤方法一般有甩水洗涤法、加压喷射气水洗涤法和超声波洗涤法。

（3）安瓿的干燥和灭菌：安瓿洗涤后，一般要在烘箱 120 ～ 140℃干燥（多采用）。大生产中多采用隧道式干热灭菌机（图 8-2 和图 8-3），主要由红外线发

图8-2　隧道式干热灭菌机（1）　　**图8-3　隧道式干热灭菌机（2）**

射装置和安瓿传送装置组成。灭菌后的安瓿应贮存于有净化空气保护的存放柜中，并在24小时内使用。

2. 注射剂的配制

（1）原辅料质量要求与投料计算　所有原料药必须达到注射用规格，符合《中国药典》(2020年版）所规定的各项检查与含量限度。辅料也应符合药典规定的药用标准，若有注射用规格，应选用注射用规格。在配制前，应先将原料按处方规定计算其用量。如果注射剂在制备中使用活性炭会发生吸附或灭菌后含量有所下降时，酌情增加投料量。按处方量投料及称量时，应两人核对。

（2）配制用具的选择与处理　大量生产时用夹层配液锅，同时应装配轻便式搅拌器，夹层配液锅可以通蒸汽加热，也可通冷水冷却。此外还可用不锈钢配料缸、搪瓷桶等容器，或耐酸耐碱的陶瓷及无毒聚氯乙烯、聚乙烯塑料桶等。器具使用前，要用洗涤剂或硫酸清洁液处理洗净，临用前用新鲜注射用水荡洗或灭菌后备用。每次配液后，一定要立即将所有用具清洗干净，干燥灭菌后供下次使用。玻璃容器也可加入少量硫酸清洁液或75%乙醇放置，以免染菌，用时再依法洗净。

3. 注射剂的配制

（1）稀配法　系指将全部原料药加到全量溶剂中，直接配成所需浓度的操作方法。此法适用于不易发生可见异物问题的质量好（澄明度较好）、杂质少的原料药。

（2）浓配法　系指将全部原料药加入部分溶剂配成浓溶液，进行过滤，然后再稀释至所需浓度的方法。此法适用于容易产生可见异物问题（澄明度不高）的质量差的原料药。

4. 注射剂的滤过——滤过是保证注射剂澄明的关键工序

（1）大生产常采用加压滤过，先粗滤再精滤，最后用微孔滤膜滤过。

（2）常见滤器和滤材

① 常用滤器：普通漏斗、板框压滤器、砂滤棒、垂熔玻璃滤器、微孔滤膜过滤器。

② 常用滤材：滤纸、脱脂棉、纱布、绢布。

5. 注射剂的灌封——灭菌制剂制备的关键，洁净度要求C级背景下的局部A级

（1）注射剂的灌封包括灌装和熔封。

（2）灌封要求　剂量准确，一般注入容器的量比标示量稍多，以抵偿在给药时由于瓶壁黏附和注射器及针头的吸留而造成的损失；灌装标示量为小于50mL的注射剂，应按《中国药典》(2020年版）四部通则0102的规定，适当增加装量（表 8-1）。药液不沾瓶，不受污染；易氧化的药物溶液灌注时，要通入惰性气体，常用氮气和二氧化碳。通常采用灌装前通气，灌注，灌装后再通气的方法。安瓿封口严密不漏气，颈端圆整光滑，无瘪头、尖头、焦头和小泡。

表 8-1　注射剂增加装量表

标示装量 /mL	增加量 /mL	
	易流动液	黏稠液
0.5	0.10	0.12
1	0.10	0.15
2	0.15	0.25
5	0.30	0.50
10	0.50	0.70
20	0.60	0.90
50	1.0	1.5

（3）封口方法　拉封（封口严密，目前规定必须采用直立或倾斜拉封封口方法）和顶封（易出现毛细孔）。

（4）灌封设备　工业化生产常采用全自动灌封机（图 8-4），目前注射剂的生产有在洗灌封联动生产线（图 8-5 和图 8-6）上进行的，有利于预防和控制污染，使产品的质量和生产效率都得到很大提高。

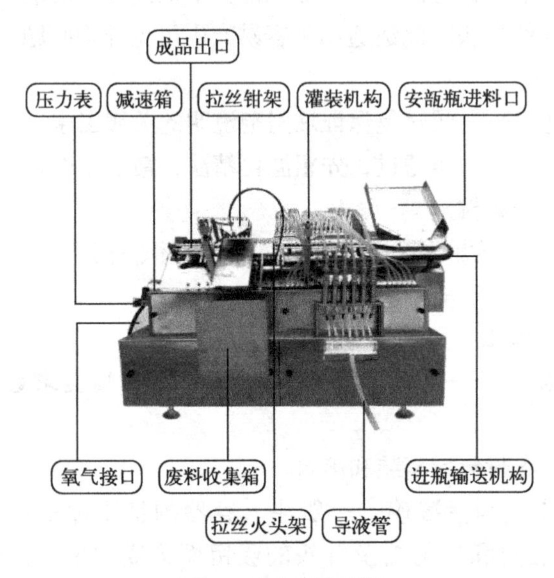

图8-4　全自动灌封机

图8-5 洗灌封联动生产线（1）

图8-6 洗灌封联动生产线（2）

6. 注射剂的灭菌与检漏

（1）注射剂灌封后应立即灭菌，从配液到灭菌一般需在8小时完成。根据具体品种的性质，选择不同的灭菌方法和时间。对热不稳定的注射剂1～5mL安瓿可用流通蒸汽100℃ 30min灭菌，10～20mL安瓿使用流通蒸汽100℃ 45min灭菌；耐热的注射剂宜采用115℃ 30min热压灭菌。灭菌时间还可根据具体情况适当延长或缩短。

（2）注射剂灭菌完毕后应立即进行检漏，一般应用灭菌、检漏两用灭菌器（图8-7）。

图8-7 灭菌器

7. 注射剂的质量检测

《中国药典》（2020年版）四部通则0102规定注射剂质量检查的项目有装量、装量差异（注射用无菌粉末需进行该项检查）、渗透压摩尔浓度（静脉输液及椎管注射液需进行该项检查）、可见异物、不溶性微粒、无菌、细菌内毒素或热原等。

8. 注射剂的印字与包装

注射剂的印字、包装过程包括安瓿印字、装盒、加说明书、贴标签及捆扎等内容。我国多采用半机械化安瓿印包生产线，由开盒机、印字机、贴签机和捆扎机组成流水线使用。印字内容包括注射剂的名称、规格及批号。印字后的安瓿即可放入纸盒内，盒外应贴标签。盒内应附详细的说明书，以利于使用者参考。

（二）维生素C注射液的性状、用途及制备要点

（1）性状　本品为无色至微黄色的澄明液体（图8-8和图8-9）。

（2）用途　用于治疗维生素C缺乏症，也可用于各种急、慢性传染性疾病及紫癜等的辅助治疗。

（3）制备要点　维生素C分子中有烯二醇式结构，显强酸性。加入碳酸氢

钠（或碳酸钠），使维生素 C 部分地中和成钠盐，以避免疼痛。同时碳酸氢钠起调节 pH 值的作用，以增强本品的稳定性。为防止维生素 C 氧化，除加入抗氧剂亚硫酸氢钠外，配液和灌封时通入惰性气体驱除溶液中溶解的氧和空气中的氧气，加入依地酸二钠作络合剂，以减少金属离子的催化作用。本品的原辅料质量要严格控制以保证产品的质量。本品稳定性与温度有关，故以 100℃ 15min 灭菌为好。操作过程应尽量在避菌条件下进行，以防污染。

图8-8　维生素C注射液（1）

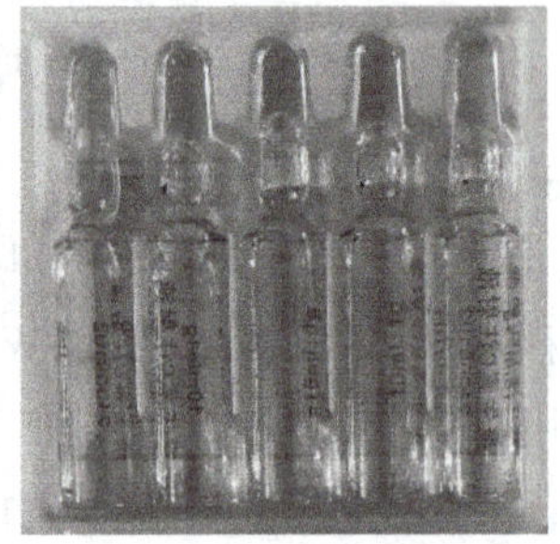

图8-9　维生素C注射液（2）

四、能力训练

工作任务单

组别__________ 姓名__________、__________

（一）问题情境

我院药企合作单位接到 A 企业订单，需要在规定时间内生产一批维生素 C 注射液。

生产指令单

指令编号：QGYXX-2025-6-1　　产品名称：维生素 C 注射液

产品代码：VSSCZSY-01　　规格：2mL∶0.2g

批号：20250603　　批量：20 瓶

生产部签发人：张三　　签发日期：2025 年 5 月 28 日

批准人：李四　　批准日期：2025 年 5 月 30 日

液体制剂车间于 2025 年 6 月 3 日开始生产上述品种，于 2025 年 6 月 5 日结束。

（二）课前任务

1. 查找资料，学习维生素 C 注射液的处方组成及功效。

维生素 C 注射液的常见处方组成为：
维生素 C 注射液的功效是：

2. 复习药物制剂技术课程相关知识，回顾注射剂的制备工艺流程。

注射剂的制备工艺流程为：

3. 复习药物制剂技术课程相关知识，回顾维生素 C 注射液制备的注意事项。

维生素 C 注射液制备的注意事项为：

（三）原辅料投料量

名称	生产厂家	批号	单位	数量
维生素 C	ABC 药业有限公司	20250328	g	5.2
亚硫酸氢钠	EF 药用辅料有限公司	20250123	g	0.1
碳酸氢钠	EF 药用辅料有限公司	20250220	g	2.45
依地酸二钠	EF 药用辅料有限公司	20250111	g	0.0025
注射用水	学院实训中心	当日	mL	适量

（四）物料的领取及生产配料领料单填写

品名		规格		批号	
批生产数量		计划生产周期		指令编号	
物料名称	物料批号	供应商名称	计划领料量	实际领料量	
备注：					
领料人		领料日期		发料人	

（五）生产SOP及批记录填写

维生素C注射液

【处方】

维生素C　　5.2g
碳酸氢钠　　2.45g
依地酸二钠　　0.0025g
亚硫酸氢钠　　0.1g
注射用水　　适量
共制　　50mL

1. 物料的称量

依次称量处方量的维生素C、碳酸氢钠、依地酸二钠、亚硫酸氢钠，并记录数据。

<table>
<tr><td>序号</td><td>物料名称</td><td colspan="2">物料批号</td><td colspan="2">领取重量/g（或体积/mL）</td></tr>
<tr><td></td><td></td><td colspan="2"></td><td colspan="2"></td></tr>
<tr><td></td><td></td><td colspan="2"></td><td colspan="2"></td></tr>
<tr><td></td><td></td><td colspan="2"></td><td colspan="2"></td></tr>
<tr><td></td><td></td><td colspan="2"></td><td colspan="2"></td></tr>
<tr><td>操作人</td><td></td><td>操作日期</td><td></td><td>复核人</td><td></td></tr>
</table>

2. 配液

取配制量80%的注射用水，依次加入亚硫酸氢钠、依地酸二钠、维生素C等搅拌至完全溶解，缓慢加入适量碳酸氢钠搅拌溶解（调节pH至5.5～6.5）。

3. 过滤

将步骤2所得的药液用6号垂熔玻璃漏斗（图8-10）滤过至澄明，从滤器上加注射用水至全量。灌装时用膜滤器（图8-11）滤过。

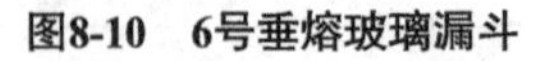

图8-10　6号垂熔玻璃漏斗

图8-11　膜滤器

4. 灌装与熔封

（1）将药液用针筒灌注至2mL安瓿（图8-12）中。

注意事项：灌封应当做到剂量准确，药液不沾瓶，不受污染。为保证用药剂量准确，一般注入容器的量要比标示量稍多（参照注射剂增加装量表，见表 8-1），以抵偿在给药时由于瓶壁黏附和注射器及针头的吸留造成的损失。

（2）灌装时用膜滤器（图 8-11）滤过。

（3）采用安瓿熔封机（图 8-13）熔封。安瓿封口通常采用拉丝封口（拉封），封口要求严密不漏气，颈端圆整光滑，无瘪头、焦头、尖头和小泡。

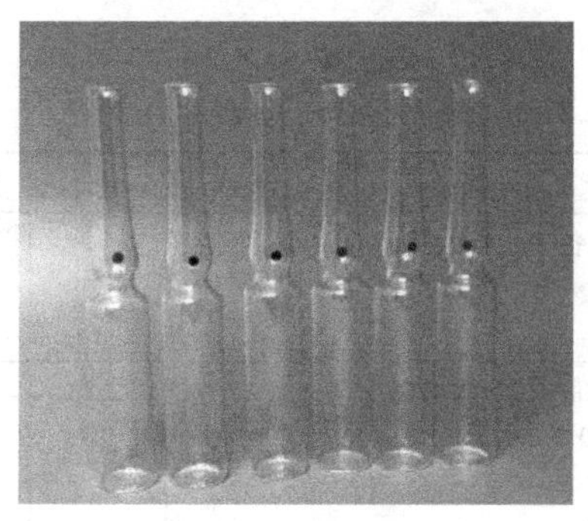

图8-12　2mL安瓿

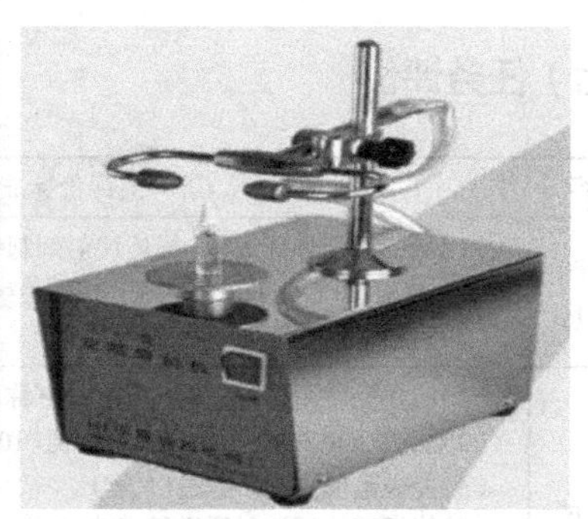

图8-13　安瓿熔封机

5. 灭菌与检漏

（1）灭菌　注射剂灌封后应立即灭菌，从配液到灭菌不得超过 8 小时。根据具体品种的性质，选择不同的灭菌方法和时间，既要保证成品无菌，又要不影响注射剂的稳定性与疗效。维生素 C 注射液通常采用 100℃流通蒸汽 15min 灭菌。

（2）检漏　注射剂灭菌完毕后应立即进行检漏，检漏采用灭菌检漏两用灭菌器。灭菌完毕后，待温度稍降，抽气减压至真空度达到 85.3 ～ 90.6kPa 后停止抽气，将有色溶液（一般用亚甲蓝）吸入灭菌锅中至浸没安瓿后，放入空气，有色溶液便可进入安瓿内被检出。也可在灭菌后，趁热立即于灭菌锅内放入有色溶液，安瓿遇冷内部压力收缩，有色溶液即从漏气的毛细孔进入而被检出。

本实验中，将灭菌后的安瓿趁热置于 1% 亚甲蓝溶液中，稍冷取出，剔除被染色的安瓿，并记录漏气支数。

漏气支数 =__________支

6. 印字与包装

将制备好的维生素 C 注射液装入自封袋中封口，贴上标签，标签上需注明产品名称、规格、批号、生产日期、操作人及复核人名字。

（六）清场

规范完成清场并填写清场记录。

清场记录单

内容	流程	是否完成(√)
设备、容器具及环境清理	按清洁工艺规程清洁质检设备、容器及用具	
	清理室内环境卫生	
物料清理	将生产所用物料放回指定区域	
	将生产产品转至物料暂存间相应区域	
清场人：__________、__________		

（七）任务评价

评价内容	评价标准	得分	扣分原因
课前任务（10分）	（1）能读懂工作任务单，描述注射剂制备工艺流程、维生素C注射液制备的注意事项（5分） （2）完成课前任务（5分）		
过程操作（40分）	（1）能规范使用称量仪器，并按SOP称取、量取物料（5分） （2）能按SOP进行配液，调节pH值（10分） （3）能规范使用滤器滤过（5分） （4）能规范使用注射器进行灌装（5分） （5）能规范使用安瓿熔封机熔封（5分） （6）能按SOP进行灭菌与检漏操作（5分） （7）能按SOP进行印字、包装操作（5分）		
产品情况（25分）	（1）无色至微黄色澄明液体（5分） （2）安瓿封口严密、不漏气，颈端圆整光滑，无尖头、焦头、小泡（10分） （3）剂量准确（5分） （4）包装、标签规范（5分）		
清场情况（10分）	（1）设备与容器具清理（5分） （2）物料清理（5分）		
记录填写（5分）	记录填写完整、规范，无涂改（5分）（每涂改一处扣一分）		
职业核心能力（10分）	（1）着装是否符合要求（3分） （2）是否存在安全隐患（3分） （3）小组分工、合作、纪律情况（4分）		

任务二　维生素C注射液的质量检测

一、学习目标

1. 能读懂工作任务单，描述药品检验操作基本程序及注射剂质量检查项目；出色完成课前任务。

2. 能对维生素 C 注射液进行性状观测。

3. 能正确使用亚甲蓝反应鉴别维生素 C 注射液。

4. 能规范使用酸度计，并按 SOP 进行 pH 检查。

5. 能对维生素 C 注射液进行装量检查。

6. 能对维生素 C 注射液进行可见异物检查。

7. 能按照操作规程清场。

8. 能小组合作，完成检验记录填写，自我评价总结。

二、基本知识

《中国药典》（2020 年版）四部通则 0102 规定注射剂质量检查的项目有装量、装量差异（注射用无菌粉末需进行该项检查）、渗透压摩尔浓度（静脉输液及椎管注射液需进行该项检查）、可见异物、不溶性微粒、无菌、细菌内毒素或热原。

1. 装量

注射液及注射用浓溶液的装量，应符合下列规定。

标示装量为不大于 2mL 者，取供试品 5 支，2mL 以上至 50mL 者，取供试品 3 支。开启时注意避免损失，将内容物分别用相应体积的干燥注射器及注射针头抽尽，然后缓慢连续地注入经标化的量具内（量具的大小应使待测体积至少占其额定体积的 40%），在室温下检视。测定油溶液或混悬液的装量时，应先加温摇匀，再用干燥注射器及注射针头抽尽后，同前法操作，放冷，检视，每支的装量均不得少于其标示装量。标示装量为 50mL 以上的注射液及注射用浓溶液照《中国药典》（2020 年版）四部最低装量检查法（通则 0942）检查，应符合规定。

2. 可见异物

可见异物是指存在于注射剂和滴眼剂中，在规定条件下目视可以观测到的任何不溶性物质，其粒径和长度通常大于 50μm。除另有规定外，照《中国药典》（2020 年版）四部可见异物检查法（通则 0904）检查，应符合规定。

3. 不溶性微粒

除另有规定外，溶液型静脉用注射液、注射用无菌粉末及注射用浓溶液照《中国药典》（2020 年版）四部不溶性微粒检查法（通则 0903）检查，均应符合规定。

4. 无菌

根据《中国药典》（2020 年版）四部（通则 1101）检查，应符合规定。

5. 细菌内毒素或热原

除另有规定外，静脉用注射剂按各品种项下的规定，照细菌内毒素检查法（通则 1143）或热原检查法（通则 1142）检查，应符合规定。

三、能力训练

工作任务单

组别 ________ 姓名 ________、________

（一）问题情境

我院药企合作单位质检部门接到一批次维生素 C 注射液质检任务，要求在规定时间内完成质量检测。

检验任务指令单

指令编号：QGYXX-2025-6-2　　产品名称：维生素 C 注射液

产品代码：WSSCZSY-01　　规格：2mL∶0.2g

批号：20250606　　批量：20 瓶

检验部签发人：张三　　签发日期：2025 年 6 月 1 日

批准人：李四　　批准日期：2025 年 6 月 3 日

检验部门于 2025 年 6 月 6 日开始检验上述品种，于 2025 年 6 月 8 日结束。

（二）课前任务

1. 复习药物分析课程相关知识，回顾药品检验操作基本程序。

药品检验操作基本程序：

2. 查阅《中国药典》（2020 年版），检索注射剂质量检查相关内容。

注射剂质量检查项目：

（三）制剂领取及质检领料单填写

品名		规格		批号	
批质检数量		计划质检周期		指令编号	
制剂名称	制剂批号	供应商名称	计划领用量	实际领用量	
备注：					
领用人		领用日期		发料人	

（四）质检 SOP 及检验记录填写

维生素C注射液的质量检测

1. 性状检测

本品为无色至微黄色的澄明液体。

检验结果：________________________

结论：________________________

2. 鉴别

亚甲蓝反应

取本品，用水稀释制成 1mL 中含维生素 C 10mg 的溶液，取 4mL，加 0.1mol/L 的盐酸溶液 4mL，混匀，加 0.05% 亚甲蓝乙醇溶液 4 滴，置 40℃水浴中加热，3 分钟内溶液应由深蓝色变为浅蓝色或完全褪色。

检验结果：________________________

结论：________________________

3. pH 值

采用酸度计（图 8-14）测定药液 pH 值，记录读数（pH 值应为 5.0 ～ 7.0）。

pH 值 =________________________

结论：________________________

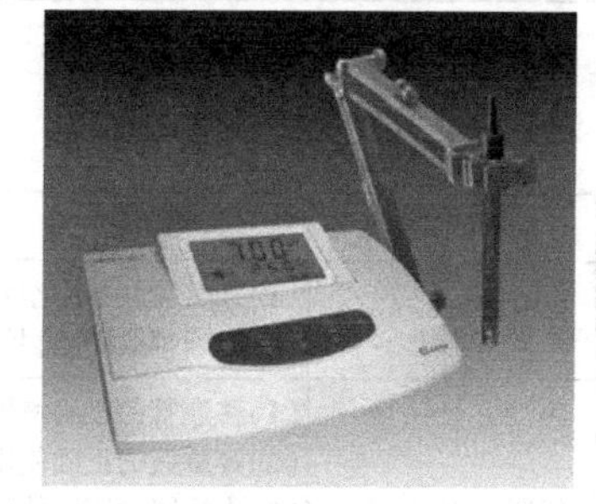

图8-14　酸度计

4. 装量

供试品标示装量不大于 2mL 者，取供试品 5 支（瓶），开启时注意损失，将内容物分别用相应体积的干燥注射器及注射针头抽尽，然后缓慢连续地注入经标化的量入式量筒内（量筒的大小应使待测体积至少占其额定体积的 40%），在室温下检视。每支装量不得少于标示装量。

V_1=____mL　V_2=____mL　V_3=____mL　V_4=____mL　V_5=____mL

结论：______________________________

5. 可见异物

除另有规定外，取供试品 20 支（瓶），将安瓿外壁擦干净，每次检查可手持 2 支（瓶）于遮光板边缘处，在明视距离（指供试品至人眼的清晰观测距离，通常为 25cm），分别在黑色和白色背景下，手持安瓿颈部使药液轻轻翻摇即用目检视，重复 3 次，总时限为 20 秒。要求不得检出金属屑、玻璃屑、长度或最大粒径超过 2mm 的纤毛和块状物等明显外来的可见异物，并在旋转时不得检出烟雾状微粒柱。微细可见异物（如 2mm 以下的短纤毛及点块状物等）如有检出，除另有规定外，应分别符合相应规定。

记录检查结果：将可见异物检查结果记录在下表中。

维生素C注射液可见异物检查表

不合格原因	玻璃屑	纤维	白点	白块	焦头	其他
总检支数						
废品支数						
正品合格率						

检验结论：______________________________

(五)清场

规范完成清场并填写清场记录。

清场记录单

内容	流程	是否完成(√)
设备、容器具及环境清理	按清洁工艺规程清洁质检设备、容器及用具	
	清理室内环境卫生	
物料清理	将生产所用物料放回指定区域	
	将生产产品转至物料暂存间相应区域	
		清场人：__________、__________

(六)任务评价

评价内容	评价标准	得分	扣分原因
准备工作(10分)	(1)穿实验服，不化妆、不佩戴首饰(5分) (2)正确领取样品，填写领料单(5分)		
仪器使用(10分)	(1)移液管的正确使用(2分) (2)容量瓶的正确使用(2分) (3)水浴锅的正确使用(2分) (4)酸度计的正确使用(2分) (5)量入式量筒的正确使用(2分)		
过程操作(50分)	(1)能按SOP对维生素C注射液进行性状观测(10分) (2)能正确使用亚甲蓝反应鉴别维生素C注射液(10分) (3)能规范使用酸度计，并按SOP进行pH值检查(10分) (4)能按SOP对维生素C注射液进行装量检查(10分) (5)能按SOP对维生素C注射液进行可见异物检查(10分)		
清场情况(10分)	(1)设备容器具及台面清理(5分) (2)物料清理(5分)		
记录填写(10分)	(1)记录填写完整、规范，无涂改(5分) (2)检验结论正确(5分)		
职业核心能力(10分)	(1)着装是否符合要求(3分) (2)是否存在安全隐患(3分) (3)小组分工、合作、纪律情况(4分)		

附　药品检验报告书

编号：KQ/ZC032-2

维生素 C 注射液检验报告单

产品名称		规格	
批号		数量	
请检部门		请检日期	
有效期至		报告日期	
检验依据			

检验项目	标准规定	检验结果
【性状】		
【鉴别】		
亚甲蓝反应		
【检查】		
pH 值		
装量		
可见异物		

检验结论	

检验人：	复核人：	审核人：
日期：	日期：	日期：

综合考核：0.9%氯化钠注射液的制备与质量检测

工作任务单

组别＿＿＿＿＿ 姓名＿＿＿＿＿＿、＿＿＿＿＿＿

一、问题情境

我院药企合作单位接到 B 企业订单，需要在规定时间内生产一批 0.9% 氯化钠注射液，同时完成对产品的质量检测。

生产及检验指令单

指令编号：QGYXX-2025-6-3　　　　产品名称：0.9% 氯化钠注射液

产品代码：LHNZSY-01　　　　规格：2mL∶0.018g

批号：20250610　　　　批量：20 瓶

生产部签发人：张三　　　　签发日期：2025 年 6 月 2 日

批准人：李四　　　　批准日期：2025 年 6 月 4 日

注射剂制剂车间于 2025 年 6 月 10 日开始生产上述品种，于 2025 年 6 月 11 日结束。

QC 检验室于 2025 年 6 月 12 日开始检测上述产品质量，于 2025 年 6 月 13 日结束。

二、原辅料投料量

名称	生产厂家	批号	单位	数量
氯化钠	ABC 药业有限公司	20220328	g	0.45
注射用水	EF 药用辅料有限公司	20220212	mL	适量

三、物料的领取及生产配料领料单填写

品名		规格		批号	
批生产数量		计划生产周期		指令编号	
物料名称	物料批号	供应商名称	计划领料量	实际领料量	
备注：					
领料人		领料日期		发料人	

四、生产SOP及批记录填写

0.9% 氯化钠注射液

【处方】

氯化钠　　0.45g

注射用水　　适量

共制　　50mL

1. 物料的称量

称量处方量的氯化钠，并记录数据。

序号	物料名称	物料批号		领取重量/g	
操作人		操作日期		复核人	

2. 配液

取配制量 80% 的注射用水，加入氯化钠搅拌至完全溶解。

3. 过滤

将步骤 2 所得的药液用 6 号垂熔玻璃漏斗滤过至澄明，从滤器上加注射用水定容至全量。灌装时用膜滤器滤过。

4. 灌装与熔封

注射剂的灌封是灭菌制剂制备的关键，其环境要严格控制，达到尽可能高的洁净度（C 级背景下的局部 A 级），灌封操作包括灌装与熔封两步，灌封应在同一室内完成，灌注后立即封口，以免污染。

（1）将药液用针筒灌注至 2mL 安瓿中。

注意事项：灌封应当做到剂量准确，药液不沾瓶，不受污染。为保证用药剂量准确，一般注入容器的量要比标示量稍多（参照注射剂增加装量表），以抵偿在给药时由于瓶壁黏附和注射器及针头的吸留造成的损失。

（2）灌装时用膜滤器滤过。

（3）采用安瓿熔封机熔封。安瓿封口通常采用拉丝封口（拉封），封口要求严密不漏气，颈端圆整光滑，无瘪头、尖头和小泡。

5. 灭菌与检漏

（1）灭菌　注射剂灌封后应立即灭菌，从配液到灭菌不得超过 8 小时。根据具体品种的性质，选择不同的灭菌方法和时间，既要保证成品无菌，又要不影响注射剂的稳定性与疗效。采用 100℃流通蒸汽 30min 灭菌。

（2）检漏　注射剂灭菌完毕后应立即进行检漏，检漏采用灭菌检漏两用灭菌器。灭菌完毕后，待温度稍降，抽气减压至真空度达到 85.3 ～ 90.6kPa 后停止抽气，将有色溶液（一般用亚甲蓝）吸入灭菌锅中至浸没安瓿后，放入空气，有色溶液便可进入安瓿内被检出。也可在灭菌后，趁热立即于灭菌锅内放入有色溶液，安瓿遇冷内部压力收缩，有色溶液即从漏气的毛细孔进入而被检出。

本实验中，将灭菌后的安瓿趁热置于 1% 亚甲蓝溶液中，稍冷取出，剔除被染色的安瓿，并记录漏气支数。

漏气支数 =__________支

6. 印字与包装

将制备好的 0.9% 氯化钠注射液装入自封袋中封口，贴上标签，标签上需注明产品名称、规格、批号、生产日期、操作人及复核人名字。

五、质检SOP及检验记录填写

0.9% 氯化钠注射液的质量检测

【性状检测】

本品为无色的澄明液体。

检验结果：____________________

结论：____________________

【检查】

1. pH 值

采用酸度计测定药液 pH 值，记录读数。（pH 值应为 4.5 ～ 7.0）

pH 值 =____________________

结论：____________________

2. 装量

供试品标示装量不大于 2mL 者，取供试品 5 支（瓶），开启时注意损失，将内容物分别用相应体积的干燥注射器及注射针头抽尽，然后缓慢连续地注入经标化的量入式量筒内（量筒的大小应使待测体积至少占其额定体积的 40%），在室温下检视。每支装量不得少于标示装量。

V_1=____mL　V_2=____mL　V_3=____mL　V_4=____mL　V_5=____mL

结论：____________________

3. 可见异物

除另有规定外，取供试品 20 支（瓶），将安瓿外壁擦干净，每次检查可手持 2 支（瓶）于遮光板边缘处，在明视距离（指供试品至人眼的清晰观测距离，通常为 25cm），分别在黑色和白色背景下，手持安瓿颈部使药液轻轻翻摇即用目检视，重复 3 次，总时限为 20 秒。要求不得检出金属屑、玻璃屑、长度或最大粒径超过 2mm 的纤毛和块状物等明显外来的可见异物，并在旋转时不得检出烟雾状微粒柱。微细可见异物（如 2mm 以下的短纤毛及点块状物等）如有检出，除另有规定外，应分别符合相应规定。

记录检查结果：将可见异物检查结果记录在下表中。

0.9% 氯化钠注射液可见异物检查表

不合格原因	玻璃屑	纤维	白点	白块	焦头	其他
总检支数						
废品支数						
正品合格率						

检验结论：____________________

六、清场

规范完成清场并填写清场记录。

清场记录单

内容	流程	是否完成(√)
设备、容器具及环境清理	按清洁工艺规程清洁质检设备、容器及用具	
	清理室内环境卫生	
物料清理	将生产和质检所用物料放回指定区域	
	将生产和质检产品转至物料暂存间相应区域	
	清场人:________、________	

七、任务评价

评价内容	评价标准	得分	扣分原因
着装情况(5分)	穿实验服,不化妆、不佩戴首饰(5分)		
过程操作(60分)	(1)能规范使用称量仪器,并按SOP称取、量取物料(5分) (2)能按SOP进行配液(5分) (3)能规范使用滤器滤过(5分) (4)能规范使用注射器进行灌装(5分) (5)能规范使用安瓿熔封机熔封(10分) (6)能按SOP进行灭菌与检漏操作(5分) (7)能按SOP进行印字、包装操作(5分) (8)能按SOP对产品进行性状观测(5分) (9)能规范使用酸度计,并按SOP进行pH值检查(5分) (10)能按SOP对产品进行装量检查(5分) (11)能按SOP对产品进行可见异物检查(5分)		
产品情况(20分)	(1)无色澄明液体(5分) (2)安瓿封口严密、不漏气,颈端圆整光滑,无尖头、焦头、小泡(5分) (3)剂量准确(5分) (4)包装、标签规范(5分)		
清场情况(10分)	(1)设备、容器具及台面清理(5分) (2)物料清理(5分)		
记录填写(5分)	记录填写完整、规范,无涂改,结论正确(5分)		

附　药品检验报告书

编号：KQ/ZC032-2

0.9% 氯化钠注射液检验报告单

<table>
<tr><td>产品名称</td><td></td><td>规格</td><td></td></tr>
<tr><td>批号</td><td></td><td>数量</td><td></td></tr>
<tr><td>请检部门</td><td></td><td>请检日期</td><td></td></tr>
<tr><td>有效期至</td><td></td><td>报告日期</td><td></td></tr>
<tr><td>检验依据</td><td colspan="3"></td></tr>
<tr><td colspan="4">检验项目　　　　标准规定　　　　检验结果
【性状】

【检查】
pH 值

装量

可见异物

</td></tr>
<tr><td>检验结论</td><td colspan="3"></td></tr>
<tr><td colspan="4">检验人：　　　　复核人：　　　　审核人：

日期：　　　　日期：　　　　日期：</td></tr>
</table>